每个女人都应该人手一册的枕边“幸福圣经”，献给所有热爱生活、渴望幸福的女人们！

何为幸福?

幸福其实是一种美好的自我感知。幸福是知足，是豁达，是短暂的满足与快感，是享受自由，也给人自由。

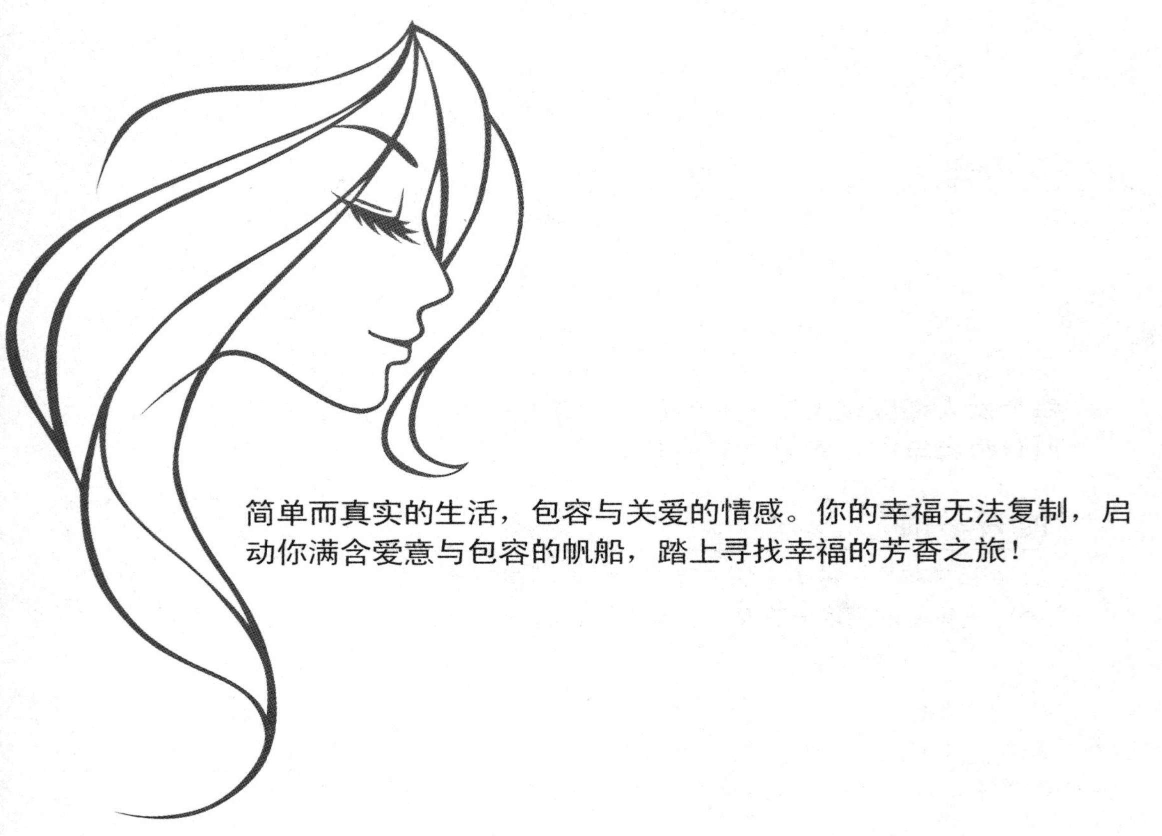

简单而真实的生活，包容与关爱的情感。你的幸福无法复制，启动你满含爱意与包容的帆船，踏上寻找幸福的芳香之旅！

做一个不较真的幸福女人

不苛求的女人最好命　不较真的女人最幸福

王可飞◎编著

中国纺织出版社

内 容 提 要

爱的世界里，太较真，温情便无处藏身。你一较真，两个人就别扭；你的心境开朗，整个家庭就充满阳光。你的情绪和心境在很大程度上决定了爱的氛围。因此，每个幸福女人都要学会与爱和解。与爱和解，不是从少女时就学会世故，也不是放弃爱情，而是要在认识到世界的残酷之后，勇敢地接受它，并努力让它变得更美好。要在认识男人的不完美之后，让爱情和婚姻继续保持鲜活的生命力。本书以此为出发点，给婚恋中迷茫的女性一些指引和提醒，教女人参透爱情和婚姻的真谛，引导女人从感情的懵懂无知中走向成熟。

图书在版编目（CIP）数据

做一个不较真的幸福女人 / 王可飞编著. --北京：中国纺织出版社，2013.8 （2024.4重印）

ISBN 978-7-5064-9809-8

Ⅰ.①做… Ⅱ.①王… Ⅲ.①幸福—女性读物 Ⅳ.①B82-49

中国版本图书馆CIP数据核字(2013)第109187号

责任编辑：徐丽丽　　责任印制：储志伟

中国纺织出版社出版发行

地址：北京朝阳区百子湾东里A407号楼　　邮政编码：100124

邮购电话：010—67004461　传真：010—87155801

http://www.c-textilep.com

E-mail:faxing@c-textilep.com

北京兰星球彩色印刷有限公司印刷　各地新华书店经销

2013年8月第1版　2024年4月第2次印刷

开本：710×1000　1/16　印张：15

字数：176千字　定价：69.80元

前言

幸福的定义是什么？对于女人来说，她们认为是漂亮的容貌以及美好的爱情。在男女的世界里，女人试图让自己变得时刻充满魅力，她们觉得这是维系两个人感情的法宝。魅力是什么？在青葱年少的时光里，是两小无猜的美妙相知；在激情绽放的年岁里，是你侬我侬的互相倾慕；而在婚后的漫漫长路里，却是平淡不相离的相惜。所以做一个有魅力的女人，不仅仅是要做个美丽的女人，还要做个有智慧的聪明女人。

在这个世界上，百分百的完美是不存在的。水至清则无鱼，人至察则无徒。爱的世界里，太较真，温情便无处藏身。爱的世界里，只有爱与不爱，爱一个人就学会傻一点，糊涂一点。爱不是讲道理，而是给彼此的心灵留下温情和浪漫。维系一段感情的不是彻底地坦白，而是考虑到对方的感受，有所保留。

较真是人生痛苦的开始，对生活中的一些琐事的较真会让两个人内心烦躁不安，以致心态失衡，甚至击垮爱情，摧毁婚姻。所以，要做一个聪明的、不较真的女人。不较真，融洽了爱与被爱的关系，温馨了家庭中的你我他。只有这样，才能真正参悟生活的意义和爱情的真谛，才能真正从感情的无知和懵懂中走向成熟。每个女人都会经历这样一条路，刚开始天真烂漫，不相信所谓“过来人”的告诫，为了爱情“可以生、可以死”；直到经受痛苦，遍体鳞伤，却又选择不相信男人，不相信爱情。女人是感性的动物，感情是她的一切。但是女人要学会跟爱和解。我们说的跟爱和解，不是从少女时就学会世故，也不是彻底放弃爱情，而是要在认识世界的残酷之后，勇敢地接受它，并努力让它变得更美好；要在认识男人的不完美之后，让爱情和婚姻继续保持鲜活的生命力。

马克·吐温说，一个女人在成熟时期的美比含苞待放时期更加牢靠，她完全懂得了自己的魅力，知道自己该保持多少少女的热情和伶俐的神态。有魅力的女人能吸引男人，而幸福的女人能抓住男人。在爱情哲学里，没有绝对的对与错，不要跟爱情讲道理。不要事无巨细地都用是非曲直来评断；不要为芝麻绿豆般大的事争吵不休；不要把对方当作自己的敌人或是自己的奴隶；不要追根究底地去寻找恋人曾经的感情经历；不要无端地进行一系列比较来伤人伤己……

男女之间的微妙关系并不是讲道理就能讲清楚的，不然为何有人唱“女孩的心思你别猜”，有人唱“男人哭吧哭吧不是罪”？谁都不可能百分之百地了解对方和自己，感情也如不断变化的河流。如果你疼他，就用行动和心意好好疼他；如果你喜欢他，就用你的温柔和善良好好对待他。别跟爱讲道理，因为有些事情，越抹越黑；有些话题，越讨论越伤心；有些过去，越想越心烦；而有些道理根本就没有争论的必要。因此，你又何必自己给自己添堵呢？

本书将从爱情和婚姻的方方面面，告诉恋爱中的女人，别跟爱讲道理，理由越充分，爱与彼此离得越远；告诉婚姻生活中的女人，别跟爱人太较真，你一较真两人就别扭，你的心境开朗，整个家庭就充满阳光。因此，你的情绪和心境在很大程度上决定了爱的氛围。有鉴于此，本书将男女之间常见的问题和女人常较真的问题和现象进行了细致的总结和深入浅出的分析，希望能给爱情中的女人多一点指引，多一点提醒，使其能够顺利甜蜜地恋爱，幸福美满地生活。

目 录

女追男也是一种爱情模式

女人的追求其实只是用行动告诉这个男人，请你追求我！意思是拉开架势，垂下鱼线，愿者上钩而已。

——张小娴

生活中我们常常会听到一些女孩子这样在聊：“爱情有时候是等来的”、“遇到了个有感觉的男孩，但我不能主动表示，免得他以后不会珍惜我”。在这样一些言谈中我们可以看出，有很多女人都在苦苦地等待着爱情的降临，却很少有人会伸出手去迎接属于自己的爱情。在这样等待的过程中，一些幸运者等到了、修得正果，而有些人等了很多年却迟迟不见王子到来，更有人带着失落的表情在回忆那些擦肩而过的缘分。

你是不是等爱的女人

女人习惯享受男人的追求。很多女人苦苦盼着白马王子的到来，一任青春流逝。但是并不是所有的爱情都是等来的。有很多女人最终等来的不是想要的幸福，而是失落，或者即便她们遇到了自己喜欢的人，也羞于主动出击，更不相信自己能主动把握爱情。所以，她们就眼睁睁地看着自己喜欢的男人被别的女孩子抢走。于是她们就开始怀疑，是不是缘分没到，是不是上天给自己太多不幸。

有个女孩叫肖云，三十岁了，是标准的剩女。她长得并不丑，相反，还是一个温婉美丽的女孩子。随着年龄一天天增长，她的父母越来越为她担心，替她安排了多次相亲。每次相亲回来，父母问她有没有看中，肖云都微微一笑，并不说什么。后来得知，有几个男生主动追过肖云，但是肖云都不为所动，周围的人都为她着急。经仔细询问才得知，原来肖云在相亲的时候是有一个意中人的，但是这男生一直没有再和肖云联系，矜持的肖云认为男追女才是爱情的模式，于是她就这样默默地等待着。

得知这种情况，肖云的朋友就鼓励她主动联系那个男生。百般劝说之下，肖云给对方发了一个短信，那个男生收到短信后特别高兴。原来，他也一直喜欢肖云，只是在第一次见面后感觉肖云表现得有些不冷不热，自卑的他以为肖云看不上自己，于是不敢和肖云联系。肖云给他发了短信之后，两个人发现对方的心迹后，很快确定了恋爱关系。

很多大龄剩女，不是因为自己的条件不好，相反，甚至很优秀，但她们有个共同的特点：不懂得主动去追求自己的幸福，而是等待着男人来追求，以致在等待中耗费了自己的青春。在上述故事中，如果肖云一直坚持继续等下去，就很难收获自己的美好爱情。

爱情不是等来的，而是靠自己去争取的。不是没有人喜欢自己，而是喜欢自己的人就在身边，但自己却不懂得去发现，去抓住。现代社会，是一个女性地位大大提高的社会，女人开始同男人一样，用自己的聪明才智创造自己的价值，在很多领域和男人一争高低。在爱情观上，女人应该更加开放，不断去寻找和发现。要知道在爱情中，谁多一份追求爱情的勇气，谁就能主动地将爱情抓在自己的手中。在男女对爱情的追求中，没有谁主动谁被动之分。

女人们都要记住一点，自己的幸福应该由自己创造，不能依靠别人的赐予，命运的安排。我们不能将自己陷在特定的男追女的模式中，而是要把自己解放出来，主动去追求属于自己的爱情。

主动出击，好男人不是等来的

好男人不是等来的。在我们身边，会有很多的“乖乖女”，她们在自己青春美貌的时候好好学习，用心工作，心无旁骛。等到了结婚的年龄还是孤身一人，却抱怨“我的缘分为什么还没到”。其实缘分不是一味地等待。那种认为忽然有一天就有白马王子来敲自己的门的观点，是懒人的哲学。事实上，这个世界上有很多好男人，也有很多好女人，等着好女人把好男人一个个挑走的时候，你就会发现自己成为剩女了。爱情不是等来的，七仙女倒追了董永，田螺姑娘倒追了谢端，白素贞倒追了许仙，祝英台倒追了梁山伯……幸福是靠自己争取来的。

那么，作为女人，怎么争取自己的爱情呢?

有很多女人说，自己没有漂亮的外表，没有过人的才气，没有可爱的笑容，男人应该不会喜欢。如果认为男人只喜欢漂亮女人，自己得不到对方的爱，那幸福如何来敲门呢?

在台湾，小S就是女人羡慕的对象，是性感和辣妈的象征。但是，在出道以前，小S并没有如今精致的五官、迷人的身材、伶俐的口齿，但是她却找到了自己的幸福婚姻，找到了爱自己的男人，并有了一个快乐的家庭。这是为什么呢?没有丑女人，只有懒女人，小S发誓将自己变美，并且用《牙套日记》告诉大家勇敢改变外貌，不计辛苦地让自己变美丽。

这个时代没有丑女人，只有懒女人。在现实生活中，如果一个女孩子善于打理自己的生活，让自己看起来清爽、整洁、大方，自然会赢得男性的青睐。你拥有了外在的资本，再追求自己所爱，就变得容易很多。因为男人注意一个女人，首先会注意她的外表，然后才是她的内心。一个漂亮的女人主动出击，成功的概率会很高。所以，女人要时刻让自己保持美丽，遇到自己喜欢的男人，就主动追求。

如果你没有动人的美貌，那么就让自己变得有气质。如果没有气质，就让自己保持微笑，没有男人会拒绝一个善解人意，时刻保持温柔微笑的女人。

所以女人，要主动追求自己的幸福，同时让自己保持女人的资本，即保持自己的身价，美丽和智慧同时拥有。这样才能有更大的把握去追求自己心仪的男人，掌握爱情的主动权，真正把握自己的人生。

女追男是不是隔层纱

中国有句俗话：男追女隔重山，女追男隔层纱。但是在现实生活中，很多女追男被人称为“倒追”。这也说明了在女追男的过程中，女性处于被动的尴尬局面。

其实，像所有雄性动物一样，男人有一种“狩猎”的本性，他们在追求爱情的过程中对自己有相当的自信。当女性凭着自己的优越感占尽先机的时候，男人并不感激，却会表现得很失落，因为这在某种程度上剥夺了他们“狩猎”的机会。而这是不是意味着，女人因此就不要追男人了呢？当然不是。女人追男人“隔层纱”，不是要步步围攻，像男人追求女人那样追求男人，而是要有一定的手段，这种手段的最高境界就是，明明是你在追，却让男人感觉是他在追你。具体方法是：各种邂逅，美貌吸引，欲拒还迎，“引狼入室”。

首先，邂逅。这是七仙女和白素贞采用的方法。看上了某个男人，先要制造某种“偶遇”，在偶遇中让对方看到自己的美貌和优点。张小娴说过，女人的追求其实只是用行动告诉这个男人，请你追求我！意思是拉开架势，放下鱼线，愿者上钩而已！现代社会中，我们拥有的手段更多更简便更高明：QQ、MSN、微博、飞信、微信、短信、开心网、人人网、e-mail……都是女人对男人进行暗示的手段。或者在邀同事们朋友们一起爬山打球的时候，顺便叫上他，两人就多了接触的机会。

倘若这些明示和暗示都用尽了，他还是对你没有采取行动，还在等待你来发起攻击的话，那么，就要适可而止，不要再继续了。因为世上的事就是这样，你越追得急，男人就越想逃。越主动，越被动——在爱情最初的阶段，对女人们来说，的确如此。女人追爱要懂得“抛砖引玉”。虽然我们对自己的感情很清楚，爱得很执著，但是我们只要抛出“砖”就好了，千万别顺带着把“玉”也一股脑端出来了。吸引他来追你，安心做一只美美的小猎物，保住做女人被男人追的特权，这样才会得到真正的幸福。当然，在追求的过程中不要放弃自己的原则。

女追男就是给自己营造一个了解对方的机会，看看彼此是否适合。不管男追女还是女追男，最终决定隔层纱还是隔重山的不是技术与花招，而是你们是否真的合适。如果两人不合适，那么不管成功还是失败，都是走在错误的道路上，最后对不起的还是自己。

择偶标准要善于适当调整

女人眼里的理想伴侣要像奶牛：越壮越强越好，并且能让自己用最少的力挤出最多的奶。

——韩寒

女人是感性的动物，她们誓死都要找到符合自己想象的完美男人，追求梦寐以求的浪漫爱情，有很多人为此一直在等待，直到变成了剩女，还是坚持“宁缺毋滥”。殊不知，好男人不是天生的，也不是别人调教好了送到你身边的，而是两个人由相遇到发现彼此的不同，再到逐渐磨合、协调而造就的默契。在电影或者电视故事里，爱情往往是“突然发生的”，好和坏有着明显的界限。而在现实生活中，爱情更要靠培养，好的男人更需要锤炼。所以，女人不要誓死捍卫自己的择偶标准，将不符合标准的男人统统一棍子打死。

挑老公不要仰望星空

追求浪漫和惊喜，是女人的特点。对于女人来说，这两者不可或缺，就连《生活大爆炸》里的艾米也不例外。艾米虽然智商高，理智、中性，甚至有点超乎常人，但是哪个女人骨子里不想做个小女人呢？特别是年轻的时候，寻找自己的另一半，都希望在对的时间遇到对的人，然后一起慢慢变老。但是女人很快会发现，结婚后对方与自己想象的相差甚远，甚至可能最终以离婚结束……造成这种状况的一个原因就是选择失误。女人，在选择老公的时候不要总是仰望星空，一味追求浪漫和惊喜，而是要脚踏实地，用心去打量，慢慢去体会。

从前，一个王国有一位叫作“爱”的公主，她美丽聪慧，深得父王喜爱。等她慢慢长大后，国王要为她挑选一位最好的丈夫，于是召集许多年龄相当的男子进行挑选。在这些男子中，最终入围的有6个：权力、富裕、虚荣、精明、英俊、时间。这6个男子被送到公主身边，由她亲自进行挑选。

权力说：“公主，请您选择我吧！我会让您拥有至高无上的权力，让您统治天下。”

公主没有看中。

富裕说：“美丽的公主，嫁给我吧，我可以让你拥有无尽的财富，一生有享不尽的荣华富贵。”

公主看了看他，摇了摇头。

精明站了出来说：“公主，我可以使您拥有想要的一切，您想得到什么就可以得到什么。”

公主还是不中意。

虚荣说：“亲爱的公主，嫁给我吧，我会让您的虚荣心得到极大的满足，会让您高高在上，有如飞上天空的感觉。”

公主依然摇了摇头。

英俊走到了公主的面前，展现着自己的帅气，可是还是失败而归。

最后只剩下时间一人了，公主看到时间喜出望外，选择时间做了自己的老公。大家都很困惑，不懂公主为什么选择了最普通的时间。

有个名叫知识的大臣帮大家揭开了谜底：只有时间才懂得爱，才能理解和体会爱的伟大，也只有时间才能证明真爱。

是的，聪明的女人明白：只有时间才能够读懂爱，也只有时间才能检验谁是最适合你的人。世界上有成千上万的男人，都可能成为某个女人的好丈夫。但这并不是说符合某种标准的男人才是好男人，而是只有那个与你相守的男人才是你生命中的好男人，才能给你一生的幸福。作为女人，在挑老公时，务必要抛却浪漫不切实际的幻想，多点现实，因为只有植根于现实土壤的婚姻才能开出美丽的花朵。

选择不是一切

女人，总是把一生的幸福，寄托在婚前对男人千锤百炼的挑拣中，以为选择就是一切。而“男怕入错行，女怕嫁错郎”这句话更让女人诚惶诚恐，唯恐自己选择错误就陷入痛苦的深渊中。当然，选择对了比选择错了好，但这并不是那么绝对。选择只是一次决定的机会，而不是对了就万事大吉，错了就一败涂地。正确的选择只是良好的开端，开端过后还会经历风风雨雨，经历各种考验和磨炼。如果经受不住其中的考验，幸福的小舟随时都有可能倾覆。选择错了，不过是输了第一局。开局不利，当然令人懊恼，但人生是一个很长的旅程，你还有很多时间去调整自己的航向，只要能好好经营自己的爱情和婚姻，和对方相互宽容与理解，人生的道路也会充满芳香。

对于爱情的选择，不是单独的“那一个”，而是“那一类”。就像喜欢吃饺子的人，多半也喜欢包子和馅饼。玫瑰花和百合种在一处，彼此都花朵繁茂，枝叶青翠；但甘蓝和芹菜相克，彼此势不两立；丁香和水仙花，更是水火不相容；郁金香干脆会置毋忘草于死地……如果你是玫瑰，只要清醒地坚定地寻找到百合种属中的一朵，你就基本上获得了幸福。

就像没有永远的敌人一样，也没有永远的爱人。婚姻不是终生的平安保险单，爱情更是需要滋润、需要施肥、需要精心呵护的鲜活生物。越是情调丰富的爱情，越是易馊，好比鲜美的肉汤如果不天天烧开，便会很快滋生杂菌以至腐烂。

只要做好准备，希望就会顽强地闪光；只要放宽心态，就会找到适合自己的男人；只要真诚相爱，就会体验到相伴的幸福。

选老公心法

对于女人，什么最重要？相信很多女人都会说爱情和家庭。不管是爱情还是家庭，另一端都是牵在一个男人手中。所以，选一个好老公，是女人毕生最重要的“事业”。通常，女人选择对象的时候，会用影视中“男主角”的标准衡量现实生活中的男人，对男人产生错误的期望值。她们不懂得如何选择和辨别男人，也不懂得包装自己吸引男人的注意，总是消极被动地等待着自己的白马王子，最后往往会被骑着白马的男人蒙骗，婚后才发现他并不是自己想要的那一个。

结婚后，男人就像是女人的气候、土壤、环境。男人脾气暴，整日狂风暴雨，女人一定憔悴不堪。相反，一个本来很一般的女人，相貌越来越可爱，眼睛越来越灵光，说话越来越文雅，举手投足越来越有风度，那一定是因为她嫁了一个好男人。

女人不懂得理性总结和思考，结果就会导致梦想和现实脱节。当他们遇到一个大家都认为是很般配的诚实追求者时，她们往往觉得和自己的期望不一样。其实生活中常常是一些“坏男人”，才会把自己伪装成女孩们心目中的理想对象。结果是，好女人大多被花言巧语的骗子骗到手。

婚姻的幸福与否，关键在于你自己的眼光。眼光独到。挑中了好男人，那么婚姻生活就会顺风顺水。反之，吃苦的就是你自己。选择老公一定要心明眼亮，既不要被他的假象所迷惑，也不要忽视他的任何一种好品质。究竟如何借得一双慧眼，选到一个好男人呢？不妨参考如下一些标准。

(1) 宽容有度的男人

宽容有度的良好性格是好男人的必备条件之一。文明优雅的气质，会让人赏心悦目、爱意常在。男人宽容的气度，会让他以风平浪静的心态与你一起去面对共同的人生。

(2) 不太在乎你容貌的男人

岁月是女人的敌人，男人四五十岁的时候魅力有增无减，而你，再美丽的脸也会起皱。相反，如果他首先在乎的是你的内在气质，他也会发现，你的魅力将随岁月渐增。

（3）心疼你，有爱心的男人

他会把你看成是一个永远长不大、不懂事的孩子，凡事为你瞎操心，不是对你没信心，而是因为爱。和你在一起的时候，他不会忽略掉你的各种感受，你疲劳时，他会帮助你；你高兴时，他会和你一起享受快乐；你苦闷时，他会安慰你，为你分忧。

(4) 事业和家庭能兼顾的男人

男人一定要有事业心，但最好能事业和家庭兼顾。如果他的事业心太重，那么他用在家庭和你身上的心思就会很少。他事业取得了成功，你自然跟着风光，但那是别人看到的，别人看不到的是漫漫时光里你的寂寞。只有那些事业心不是过重的顾家的男人，才懂得对你体贴入微，宠爱有加。

“爱不爱我”，不必常挂嘴边

如果你爱一个人，先要使自己现在或将来百分之百的值得他爱，至于他爱不爱你，那是他的事，你可以如此希望，但不必勉强去追求。

——罗兰

最近在网络上看到一则调查结果：恋爱中的女人最爱问的问题之一是“你爱不爱我”。同时这也是男人最难回答的问题之一。“爱”是个抽象的概念，每个人都有不同的解读。认真的男性会认真思考这个问题，想想自己该怎么回答。但是不厌其烦地反复追问，对男人来说却成了一种折磨，因为他不管给出怎样的答案，女人都不会满意。

“爱不爱我”没有答案

相信再聪明的女人在恋爱时都会犯同一个错误：就是问所爱的人“你爱不爱我”。这也是男人最不想听到的问题，女人却乐此不疲。男人稍有不耐烦的神色，女人便会马上上纲上线认为自己不被对方重视，要男人再三保证，逼男人写血书订生死约……与女性相比，男性的脑部感觉中心和沟通中心，较少有“联系”。当他不容易说“我爱你”，通常不是在表达当下感觉，而是在解决一个问题，让她知道他的意向而已。

其实，不爱你的男人不想骗你，爱你的男人也不一定想回答你，男人只会用眼睛并不会用嘴巴来恋爱，而女人却习惯用耳朵，只想听到甜言蜜语。

当女人问这个问题的时候，一般都是信心动摇了，没有安全感了，很想通过男人肯定的答案来重建信心。但是答案会不一而足：男朋友会说“我最爱的只有你”；老公会说“不爱你爱谁”；情人会说“不爱你怎么会来找你”；聪明的男人会说“难道你觉得我不爱你吗”；好男人会说“我都做了，还要说吗”。但这些答案里面到底有多少是真心话？就只有当事人才会知晓了。

女人是需要被爱的感觉的，哪怕是幻觉。女人最悲哀的是不知道向谁问这一句：“你爱不爱我？”

有一对夫妻，女人在最美的时候嫁给了男人，后来男人功成名就，在外面找了一个更年轻漂亮的女人。女人明明知道他在外面的情况，每天还要问他：“你爱不爱我？”男人每次都是这样回答她的：“你是美玉，别的女人是顽石。”这个男人回答得有水平吧。他不说爱不爱你，而说你是一颗美玉。可谁知道他是什么喜好？也许他更偏爱顽石呢？女人只好把自己当成一颗珍贵的美玉，这样她才快乐一点。

爱不爱我，其实是不用问的，对方的一个眼神，一句话，一件小事就足以回答这个问题了。请不要再去问这毫无意义的问题了，假如男人真的很爱你，情到浓时他自然会主动说出来。而不爱你的，再问也没用。只要闭上你的眼睛，堵住你的耳朵，好好用心去领会，你就会知道他到底爱不爱你。女人要做的事是更多地问问自己：“你爱不爱我？”

爱，不是说出来的

当女人一次又一次问爱不爱她时，总让男人不知所措，因为男人是不会轻易说爱的。比起用语言，男人更喜欢用行动来表达自己的爱。很多时候，让男人说句“我爱你”，他会觉得很肉麻，说不出口。女性则比较感性，她们问这个问题只是因为她们希望听到男友毫不犹豫地做出肯定回答。其实，有很多女性并不会仔细分辨男性回答时的真伪，她们要的就是这种“被爱”的感觉。因为她们想获得好的感觉，所以，不厌其烦地反复追问对她们来说就是很有必要的事了。当然，当男性在回答时犹犹豫豫或不肯回答，她们便会感到很受打击，认为对方不爱自己。

好男人不会违心地说“爱”这个字，但是他的爱都表现在行动上。他会对你关心，体贴，在你心情不好的时候当你的受气包，默默地陪着你。但是为什么很多失恋的女生都听过男朋友说：我爱你。那是因为女人听了这三个字才会心甘情愿做你的女朋友。于是很多男人只能违心地说，我爱你。他也许只想暂时得到你而已，等谈了一段时间，觉得不是他想象的样子，照样分手。

好男人真正说出那三个字的时候，就是向你求婚了，表示他已经下定决心要一辈子呵护你，扛起家庭的负担。他们认为爱就是责任，所以，当他并不清楚自己能为对方承担起多大责任的时候，他觉得这个问题不好回答。否则，一诺千金，说到就要做到。只要确信两个人在一起了，就要为两个人的未来奋斗。所以，爱，不是说出来的，是做出来的。

曾经一个男孩对一个女孩说：“如果我只有一碗粥，我会把一半给你，另一半给我的母亲。”小女孩喜欢上了小男孩。那一年，他12岁，她10岁。

后来，他们的村子被洪水淹了。男孩不停地救人，唯独没有亲自去救她。当她被别人救出后，有人问他：“你既然喜欢她，为什么不救她？”他说：“正是因为我爱她，才先去救别人。她死了，我也不会独活。”他们在那一年结了婚。那一年，他 22 岁，她 20 岁。

再后来，全国闹饥荒，他们穷得揭不开锅，只剩下一点点面了，只做了一碗汤面。他舍不得吃，让她吃；她也舍不得吃。三天后，那碗汤面发霉了。那一年，他 42 岁，她 40 岁。

“文革”时期，他受到了批斗，“组织上”让她与他“划清界限”，她说：“我不知道谁是人民内部的敌人，但是我知道，他是好人，他爱我，我也爱他，这就足够了！”于是，她陪着他挨批，夫妻二人在苦难的岁月里接受了相同的命运！那一年，他 52 岁，她 50 岁。

许多年过去了，他和她为了锻炼身体一起学习气功，每天早上乘公共汽车去市中心的公园。当一个年轻人给他们让座时，他们都不愿坐下而让对方坐着，于是两人手里抓着扶手靠在一起，脸上都带着满足的微笑。那一年，他 72 岁，她 70 岁。

真爱与“爱不爱我”无关，也不在于誓言和甜言蜜语……它在于一碗粥，一碗汤面，一个座位，一次相视而笑之间。在漫漫的长夜中，只要有他相伴就足够了；在人生的各种沟沟坎坎中，只要有他相伴就可以了。爱，就是在行动中默默地和你相伴到老。

爱，不是乞求来的

女人，都想找个爱自己的人，去体会爱情的美妙和痛苦。爱情给人的喜怒哀乐，是每个女人都向往的。女人是为爱情而生的，女人需要爱情的滋润。如果你看到一个女人充满活力，脸色红润，罗衣飘香，那么这个女人十有八九是沉浸在爱情的甜蜜中。再丑的女人有了爱情也会变得优雅美丽。他疼你体贴你怜爱你，你便快乐得像在飞；而他和你拌嘴、赌气，甚至对你不理不睬，你便像一只泄了气的气球，一颗心一直下坠，跌到谷底。

于是有人很夸张地形容，谈恋爱的人是疯子，一会儿哭一会儿笑，情绪像风浪上的小船一样起伏不定。爱情就是如此的神奇，它可能比你年轻时幻想的情形要复杂得多！保罗曾说："爱情会永远成功。"它的意思是，只要你有成熟的爱情观，你就可以获得婚姻的成功，而教训、挑剔、抱怨或者以眼泪来哀求都不可能得到爱情。爱情不是少女一厢情愿的痴情。而是男女之间的相互吸引，爱情是这样的一种能力：它可以将热爱生活、热爱生命、珍视亲情友情以及其他的爱用丰富多彩的方式表达出来。

对于爱，我们不能苛求，只能以感恩的心态待之。爱情不是简单的两情相悦，更不是同情和怜悯，它必须以双方都能接受的表达爱的方式为基础。爱情是奉献，不是索取。如果采取生硬的态度索求爱情，或者动不动就问"爱不爱我"，久而久之，他也不知道到底爱不爱你了，只会让爱情离你越来越远。

如果你希望他爱你，那你必须学会一种他能接受的方式，将你成熟的爱情奉献给他。如果你的另一半是在某些限制感情流露的家庭中长大的男人，你会发现他往往具有很强的自制力，能够接受的爱的表达方式一般来说也是含蓄的。女人要学会爱自己，要柔软地、温和地关怀自己，同时要学会不怨恨别人。别人爱不爱我，与我关系不大，只要自己懂得爱自己。有人爱更好，没人爱也没有什么大不了！我依旧光彩照人。况且，好女人是绝对不会没人爱的。

亲密无间，并不是时刻绑在一起

友谊要像爱情一样才温暖人心，爱情要像友谊一样才牢不可破。

——穆尔

婚姻要亲密也要自由

我如果爱你——
绝不像攀援的凌霄花，
借你的高枝炫耀自己；
我如果爱你——
绝不学痴情的鸟儿，
为绿荫重复单调的歌曲；
也不止像泉源，

常年送来清凉的慰藉；

也不止像险峰，

增加你的高度，衬托你的威仪。

……

这些诗句摘自舒婷的《致橡树》。在这首诗中，舒婷表达了不愿附庸的爱情观：不愿做趋炎附势的凌霄花，依附在橡树的高枝上而沾沾自喜；不愿做整日为绿荫鸣唱的小鸟；不愿做一厢情愿的泉源；不愿做盲目支撑橡树的高大山峰。一句话，诗人的爱情观是这样的：两个人平行生长，又相互扶持。

别让婚姻“绑架”了你的老公

当爱与自由在一起时，是幸福的婚姻；当爱与控制在一起时，将是痛苦的生活。因为没有自由的话，人永远不会快乐。如果因为爱而破坏了自由，最后的结果可能是，爱可以被丢掉，但自由要留下来，以致出现“因控制而失去控制”的结局！

再呵护老婆的老公，也有需要自在独处、独自喘口气的时候。不懂得经营爱情的女人，会让婚姻绑架了自己的老公。

一位男士，在一次雷雨中，被雷电击中而昏迷，当他被送到医院急救苏醒后，耳朵变得听不清楚，也说不出话来。他身边的人都把他当作聋哑人看待，他开始过着比手画脚的生活。直到有一天，这位男士和家人一起看球赛，在一个精彩的射门之际，他激动地从位子上跳起来大叫“好球”，他的秘密才被揭穿。

原来，当初他被雷电击中时并不严重，苏醒后，的确有段时间听不太清楚，开口有点困难；但是他在婚姻生活里，多年来饱受老婆“唠叨”和追根究底之苦，为了让耳根清净，趁被雷电击昏之便，用装聋哑来“逃避”。

所以，聪明又有智慧的爱人只有懂得创造适度的“婚姻自由度”，方能提升婚姻的品质和增进双方的情感。

一般而言，对男人的手机短信、电话记录、个人日常开销等，没有必要做滴水不漏的调查，这些日常小事有时候关乎一个男人的尊严和自由。

与爱人相处时，多数人都希望对方在最短的时间内坦诚相待。进入婚姻关系中，有的女方会误解“婚姻”的定义，总认为——我嫁给你，你娶了我，你要负责我一辈子的幸福，你的钱包、你的行踪，包括你的感情都应该归我所管。如此这般之后，女人有了“控制”和“约束”男人的想法和做法，势必导致婚姻中时常出现剑拔弩张的状况。

从日常生活相处、行动出入、金钱使用、工作变动，到生不生小孩，其实都牵涉到婚姻自由度。千万别让婚姻绑架了对方的自由。

给对方留一块空间

有很多人都会问这样一些问题：什么样的爱情才是长久的？怎样才能使爱情永远保持新鲜和让人陶醉？为什么在一起的时间越久越没有感觉？而这一切的关键点在于一个很重要的事：你有没有为你爱的人，在心里留一块空间？

两个人交往或是结婚很长一段时间后，拉着对方的手就像左手握右手，再没有当初相识时候的激情。久而久之，就会觉得对方愈来愈像家里的家具，少了会觉得怪怪的，但是放在那里觉得理所当然。所以，我们需要给对方一点自己的时间和空间，而不是将对方占据得满满的。

想要两情长久，在心里为对方留一块空间是非常重要的。爱情和婚姻是需要经营的，一些破裂的婚姻，也正是因为没有给对方留下一点私人的空间，占有欲和控制对方的欲望太严重，才导致对方心理压力过大，不堪重负。两个人之间，坦诚的沟通也是非常重要的。为什么说婚姻是围城？那是因为双方都被对方禁锢了，用爱的名义互相牵制对方。这样，爱将成为一副枷锁，双方将成为爱的奴隶，最终酿下苦果。

常常听结过婚的人谈起自己婚后生活不如想象中美好：为什么两个人都极为

珍视的结合最后会成为感情的桎梏？为什么为了更好地拥有对方而结婚却使两人离得越来越远？

两个人真正踏进婚姻的殿堂，相互之间的距离将变得模糊，甚至是没有了距离。因为没有了距离相互就变得没有了顾忌，也就不讲求处事和说话的分寸，这势必会导致缺乏对彼此的尊重、彼此的宽容，使两人容易产生争执，走向婚姻的冰冻期，于是，相互便开始吟咏“婚姻是坟墓”之类的哀歌。

玲玲结婚三年后，她老公还是一个小职员，每天在外奔波。他有一个寻呼机。每天一到下班玲玲就打寻呼要他回来，生怕他在外面学坏了。久而久之，丈夫的朋友都笑称他带的是一台“寻夫机”，弄得他很尴尬，回到家就冲玲玲发火：“整天 Call，你烦不烦啊？”

听到这样的话，玲玲的委屈便如潮水一般涌出来。她认为自己是关心他，害怕失去他，而老公却不领情。久而久之，他们的感情便日渐疏远。

女人在婚姻上的不幸，除了遇人不淑的外在原因，很大程度上是出于对爱理解的偏颇，对婚姻理解的偏颇。爱是自私的，但爱人绝不是私有财产，婚姻应该用温柔、体贴、理解、沟通来维系，而不应该用“刑侦监控”，甚至“一哭二闹三上吊”的方式把丈夫时刻拴在身边，这样只能适得其反。

妻子总是希望丈夫像热恋时一样和自己形影不离。但是有时候，你越是想得到他的爱，越要他时时刻刻与你形影不离，他越会远离你。你多大幅度地想拉他向左，他则多大幅度地向右。从美学角度讲，有距离，才有美。我们远距离看山，重峦叠嶂，神秘莫测；远距离看湖，微波涟漪，美不胜收；远距离看人，男人英俊潇洒，女人婷婷袅袅。因此，要善于为爱人留有一块私人空间。

“半糖主义”的夫妻关系

在婚姻中，有一个常见的误区，就是以为夫妻二人可以亲密无间。其实，要想夫妻做得长久，必须有一定的距离，一定的分寸，各人保持自己的特点和优势。

“半糖主义”就是这样一种关系：有一点亲密，有彼此的关心，但又不会太近，不会妨碍他人的私密空间。比如我们对事业成功的追求，应该努力争取，顽强拼搏，但又不急功近利，不奢求强求；比如我们对情感的向往，应该懂得珍惜，好好把握，但又不束缚他人，给对方足够的自由快乐；比如我们对婚姻的态度，应该常常在一起，但又懂得亲密有间的道理。

一位过了金婚的日本著名画家说，他们夫妻白头到老的秘诀是他从来不把妻子当“内人”而是当成“外人”，即：对她礼貌，对她尊重，给她自由。这位画家的处世哲学是饱含哲理的。

拥有黄金距离的婚姻才是持久的婚姻。距离太长，感情会疏远淡漠；贴得太紧，感情会疲劳窒息。爱就是这么没道理，爱人分别太久，会担心对方是否不够爱自己；两个人黏得太紧，却又难免“爱得太用力，爱就燃烧得太快”。半糖主义代表的是一种健康的生活态度。太苦的日子会使人沮丧失望，过甜的日子又容易让人不识甜为何物，不懂珍惜。也许生命的最佳状态就是不回避烦恼与苦难，并学会给自己的日子加半勺糖，在若有若无间体味生命的香甜，领悟甘苦参半的人生真谛。

我们需要做的，不是怨天尤人，也不是拼命“挣脱婚姻牢笼”，而是彼此沟通，达成默契，给爱留一点空间，还给对方和自己以自由，以便在婚姻中不断成长。

当你明白了这一点，便能视两人为两个独立而有个性的人，然后携起手来，互相扶助，走完崎岖而漫长的人生之路。幸福便会在那和谐之中，亲密之中，平淡之中，慢慢地铺展开来。

别逼问男人：面子重要还是我重要

世界上没有自认为一无可爱的女人，也没有自认为百不如人的男子。

——钱钟书

当代男人最在意什么？做 CEO？ NO! 在一项有趣的调查中，被问及这个问题的男人几乎都不约而同地回答："面子！" 男人需要有面子，男人也最怕失去面子。男人之所以爱面子，是因为受传统观念的影响。中国人往往赋予男人极高的期望值——男人要肩负起"兴国富家"的重任，而这一重任同时也增强了他们的自尊感和成就欲，养成了他们爱面子的秉性。

男人是一种死要面子的“怪物”

男人爱面子，为了面子，江山美人皆可抛，甚至父母妻子也得排在第二位。男人常常因为一些鸡毛蒜皮的小事，怕失脸面而大动干戈。由于好面子，男人还经常装出一本正经的滑稽相，让女人特别不理解。他们大宴宾客，慷慨大方，出足了风头。埋单大概已经被男人上升到了“三个代表”的高度：代表这个男人有票子、有面子、够爽快。尤其是在有漂亮女伴在场的时候，为争着埋单被周围食客误以为在打架的情况屡见不鲜。埋单结束，突然想起钱包，于是悄悄地到厕所掏出钱数数……心中忐忑地回家。第二天一早，麻烦事来了：“你还要不要家？一天到晚只知道和你那些狐朋狗友鬼混，你就只会做冤大头……”

这样的丈夫，在现实生活中是相当普遍的。不过，女同胞们也大可手下留情，因为当男人酒醒之后，不等你开口，他早已先懊恼不已了。这正是“臭男人”们的通病。

男人爱面子，他们劳累时也要表现得很轻松，脆弱时也要表现得很坚强。从小到大男人都为了得到一句这样的评价而不惜流血牺牲，那就是“你真够爷们儿”。但是这其中也有一个显而易见的悖论：老等着被人夸自己像爷们儿的男人骨子里肯定有不自信甚至害怕的成分，于是，他们拼命争面子，把脆弱的里子潜藏起来。

于是他们会在女人面前一边胆颤儿一边强撑着说“别怕，这算什么”；一边心里犯嘀咕一边跟朋友故作轻松地说“没问题，包在我身上”。

男人为面子不怕流血牺牲，面子是他们的无形资产，给他们面子，就是给自己机会。不同的女人会让男人展现不同的样貌，经常让男人感觉有面子，活得有尊严，他们就会更多展现出富有责任感和男人味的一面。一句话，好男人和好孩子一样都是夸出来的。

不必纠结于“面子重要还是我重要”

男人好面子，除了表现在金钱方面之外，很多时候也表现在两性关系中。男人对妻子有个不高的要求，即在家里他可以得“妻管严”，可以成“床头跪（柜）”，他们儿童式的自恋需要女人的友情出演，当然他们会在内心感谢你的配合，并在之后心甘情愿地为此付出代价，比如跪搓板。同时，许多结了婚的男人在谈起自己的妻子时，往往将其贬得一钱不值，在外人面前赞美自己老婆的男人实属凤毛麟角。

这种爱面子的虚荣心，男人都有，个中道理很简单：如果一个男人被人知道在家里抬不起头，在外面也只有做奴隶的资格。不过很多女人都不能理解男人对面子的这种近乎变态的追求，而是反复不停地质问男人“面子重要还是我重要”。

曼曼是一个活泼漂亮的女孩，家境富裕，有车有房有钱，追她的小伙子很多。曼曼在一次朋友聚会上邂逅了一个叫陈东的小伙子，陈东对曼曼也是一见倾心，俩人慢慢熟识，开始谈起了恋爱。可是，相恋 5 年也没有走进婚姻殿堂。因为陈东家境并不富裕。陈东爱曼曼，非她不娶，但是他却总是对陈曼这样说：“等我有车有房之后，我们再结婚吧。”

陈东之所以不结婚，因为他觉得自己一无所有，没有面子去娶一个家境好的女孩，当倒插门女婿更为他所不愿。

不仅如此，我们还会看到这样一种有趣的现象：大多数男人都不会找比自己学历高的女人做配偶，因为他在比自己强的女人面前会感觉有压力。

男人可以高谈阔论，男人可以很绅士，男人甚至可以一掷千金，这都是为了面子。男人普遍都会觉得很累，是因为他们不愿意在他人面前显出自己的弱小，显出自己的无能，显出自己的寒酸，显出自己的不如意。男人，有苦也只能藏在心里，有泪也只好往肚里流，这不能说明男人坚强，只不过是男人在捍卫自己的“面子”罢了。

在这个竞争激烈、压力倍增的时代，不少男人身体有创痛、心灵有委屈，可为了面子，他们只能将创痛和委屈隐藏起来、压抑下去，并且不得不挣扎着强打精神，向世人展示苦涩的笑脸。倘若一个男人被人说成“像个男子汉”，这无疑是最高的褒奖。

没有一个男人不想征服世界，成为超级英雄，但一个善解人意的女人会让他感觉即便他没有征服世界但是至少征服了你。当你成为让男人从内心感到自信和力量的女人，成为让他们在外人面前很有面子的爱人，你的柔软和智慧也会征服他的心。

聪明的女人都知道让男人有面子就是让自己有面子。再说男人们倔强坚持的死不认输不也是开始吸引女人们的男人味吗？

聪明女人要维护男人的面子

常言说，男人在追求女人的时候最勇敢，因为他们很在乎在自己爱的女人面前有没有面子，所以别老说男人只会用下半身思考，上半身的那张脸有时更重要。“士可杀不可辱”可不是白给的，天底下面子最大，伤害男人的面子就是伤了人家的自尊。所以当女人在众人面前奚落了男人，抬高了自己，也就彻底伤了他们的心。

对于在中国传统文化的酱缸里浸淫长大的男人们来说，面对外人，给个“面子”，就是尊重；而伤了面子，就是伤了“里子”——那些在事业上没能达到自己理想期望值的男人们就更是如此。男人的好面子虽然在女人们看来简直是既让人愤怒又可笑的“幼稚病”，但是，在外人面前对自己男人尚不够强壮的自信心多一份体谅甚至是疼惜，暂时的“后退一步”，等着你的势必是你们爱情的“海阔天空”。

男人时时处处在捍卫面子，聪明的女人只有花心思维护男人的面子，才能把两个人的小氛围经营得愈发和谐。

李先生开了一家餐馆，生意兴隆，生活过得还算不错，虽然老婆的脾气有点大，但还懂得处处给他留面子。有一天，餐厅打烊后，两人又为一点小事吵起来。李先生情急逃至桌下，恰好客人返回来寻找丢失的东西，正好撞上，进退尴尬。这时，八面玲珑的太太急中生智拍了拍桌子："我说抬，你要扛，正好来帮手了，下次再用你的神力吧！"客人走后，李先生直夸夫人想得周到，一场面子危机轻松化解。

男人是很爱面子的，作为女人，你一定要明白，珍惜男人，更要珍惜男人看得比生命还重要的面子。当你要刻意去毁灭一个男人面子的时候，请三思，否则，你会伤害到一个男人的自尊心，甚至生命。

世上大多数的男人，基本上是为了"面子"活着。所以当一个男人在你面前大谈他曾赚过多少外快，曾和多少个名人、领导共进晚餐，你大可不信，但千万不要打击他的"谈兴"，你揭了他的老底就是让他有失"尊严"。有时候，男人宁愿死也不可以没有"尊严"，为了尊严，男人甚至可以和最好的朋友翻脸。当然，男人有时候也可以不要"脸"，目的却是为了以后更"有头有脸"。

男人的面子，就等于男人的自尊与自信。聪明的女人要学会该示弱的时候就示弱。女人的凶悍与泼辣对家庭感情有着极大的杀伤力，而女人的温柔与眼泪绝对是征服男人的最大武器。学着给自己的男人留足面子，你也同样会享受到其中的成果，他会更疼爱你，更珍惜你。给男人面子，等于给自己留下余地，让自己变得温柔体贴，让他变得阳刚潇洒，快乐也就无时不在。

让男人有面子的方法其实很简单，无论人前还是人后多多念及他的优点。让你的男人出丑或者不堪只能证明你自己眼光太差。

要让你的男人在家里"听你的话"，你就需要在外面多"听他的话"，别在男人的面子问题上较真，这是做女人的智慧，更是爱的艺术。

眯着眼睛看男人，睁大眼睛看自己

夫妻间是应由相互认识而了解，进而由彼此容忍而理解，才能维持一个美满的婚姻。

——巴尔扎克

不知你有没有发现，在我们的生活中总存在一些悖论。比如，我们会认为自身有一些问题是正常的，却不能容忍自己的另一半有一丁点儿的瑕疵。当说到这个问题时，一般人都会理直气壮地说："有点小毛病算什么，哪有十全十美的人？"这句话说得对极了，但我们往往用它来为自己辩解，却忘了这也适用于其他人。既然每个人都有缺点，当我们认定了那个可以陪伴我们终生的人之后，就必须明白，我要接受他的一切，包括缺点。因此，眯着眼睛看男人，睁大眼睛看自己，包容他的不足，正视自己的缺点，爱情生活与婚姻生活才会越来越幸福美满。

允许男人们撒个谎

曾听过这样一个故事：小芳与男友约会时说："最近一段时间，我发现你这个人时不时地会撒谎欺骗我哦。"男友当即矢口否认。小芳笑了笑，什么也没说，却一副胸有成竹的样子。她把男友的手机放在桌上，然后拿起自己的手机给他的铁哥们打起了电话，说找男友有急事，并听说男友现在跟他在一起。男友的铁哥们连连说是，并说他们正在一起商量事情呢，不巧的是，他目前正在卫生间，等他出来时，一定让他回电话。挂掉电话，小芳男友的手机就"丁铃丁铃"地响了起来。小芳得意地看着男友，然后按下接听键："你在哪儿呢？小芳刚才给我打电话找你呢，我说你去卫生间了，一会儿给她回电话，你赶紧地打电话吧，就说你在我这儿，正在商量事儿呢……"

也许这个谎言并不高明，让小芳抓住了把柄，可她的男友真有那么糟糕吗？他为什么对一个深爱的女人也要撒谎呢？他内心真实的想法究竟是什么？这可以从赵本山的一个小品中看出些端倪：老赵前女友的孩子生病了，可她的丈夫又在远方的部队当兵，无法回家照顾他们。为了让他们娘俩尽快摆脱窘境，老赵瞒着老婆偷偷借了500元钱给前女友。可世上哪有不透风的墙，这事很快就被老婆得知，一场夫妻间的大战由此上演。

可老赵为什么不愿直接把这件事情的原委告诉老婆呢？这却是个值得探讨的问题。其实，男人很多的谎言是因为女人在感情上太感性。即便是一个比较通情达理的女人，即便她自己也认为男人这样做是有道理的，可女人本能的第一反应却依然是嫉妒。而这些都会让男人觉得，与其老实交代自己的行动，还不如说个谎话求得暂时的安宁。

由此可见，男人的谎言并不都是为了欺骗。大多时候，他们撒谎的缘由不过是为了对矛盾的暂时回避。如果一个小小的谎言可以让彼此都保持愉悦的心情，让幸福的家庭生活锦上添花，又何必总是揪住谎言的尾巴不放手呢？要知道，有些谎言无关乎道德的好坏。衡量谎言之于婚姻的影响，不在于它客观上是否欺骗了你，而在于它背后是否违背了婚姻的实质。一个男人是否值得女人去爱，最重要的不是他曾对你说了多少谎话，而是他对爱情和婚姻到底有多少付出。

腾出空间享受爱

对于女人来说，在爱情与婚姻生活中，总希望能与自己的另一半亲密得像是同一个人，只有这样，女人才会感觉到真正的安全感。但对于男人来说，这样的举动却会让他们感到窒息，他们希望有一个属于自己的小空间，有自己的男女朋友可以侃大山、诉衷肠，只有这样，他们才会认为是惬意的。女人要把男人的空间全部占据，男人则想要足够的空间自由呼吸，空间的存在与否便成为男人和女人不断较量的战场。

有这样一个故事：一位老人好长时间没有遇到老友了，某天与另一位棋友下象棋时，才知多日不见的老友病了。其实，对于他来说，这本是意料之中的事情。因为老友的那个老伴，每天都与他形影不离，就像蚊子一样围着他转。他下棋时，她坐在旁边指手画脚；他聊天时，她也在旁边说东道西，还不着边际；他钓鱼时，她总会想法阻止，让每次旅程都不太顺利。总而言之，她一天到晚总是陪伴左右，不能让老伴有一点自己的空间。可老友却是一个喜欢凑热闹的人，她的陪伴不但影响了老友的雅兴，还经常会造成一些不必要的尴尬。长此以往，怎么会不生病呢？年龄大了，能尽情享受自己的爱好，是一种难得的幸福；互相尊重对方的兴趣，更是一种幸福。

从一定意义上说，时刻陪在老伴左右是一种爱，但如果让他没一点私人空间却是很不明智的。把对方的衣食住行记在心间是一种爱，不影响对方的闲情逸致、不改变对方的意愿所属更是一种爱。要想得到一份相濡以沫、相伴终生的幸福，不仅仅需要朝夕相处的伴随，还要有自得其乐的悠闲。给彼此留出一点时间和空间，让对方全身心地投入到一种悠然自得的状态中去，尽情地享受自己的兴趣所在，才是人生的更高境界。

在婚姻中慢慢长大

在漫长的婚姻生活中，丈夫或妻子都会慢慢变化，当你意识到对方的一点点进步并加以赞扬时，他或她便再次获得了前进的动力。

有这样一对新婚夫妇，平时都是妻子包揽家务。但因为生孩子时是剖腹产，很长时间不能干家务活。这时，妻子发现丈夫正准备做饭，虽然动作笨拙，做出来的饭菜也并不可口，但妻子还是很高兴地称赞丈夫的表现，并说："我们都在慢慢成长，因为我们现在是孩子的爸爸妈妈了。"

一般来说，小两口新婚时，如果妻子对丈夫有什么要求，绝不会亲口明明白白地说给他听，而是让他猜猜心里的想法，并以此来判断他是否爱自己。他若能猜中心里所想，妻子往往会很高兴；如若不能猜中，生气撒娇也是常有的事情。但一般情况下，女人在那里气吞山河，河东狮吼，男人却一头雾水，莫名其妙。这样的事情经常发生，便会慢慢影响彼此的感情，如果再不能有效地沟通，夫妻之间的矛盾就会日益加剧。但经过不断地磨合，我们就会发现这样的做法，对彼此的感情成长没有一点好处。对他有什么要求，何不开诚布公地直接说给他听。而这时，你就会惊奇地发现，当我们说出自己的需要时，反而会让彼此的关系更加融洽。

在长期的婚姻生活中，我们都会学到一些东西，比如说，女人会不断地学到宽容和理解，男人则会学到关怀和体贴。其实对于每一个刚刚走进婚姻的人来说，就如幼儿一样都会显得不成熟。所以，当你发现另一半在某些方面不尽如人意的时候，千万不要着急，也不要失望，给彼此一点儿时间，让彼此在婚姻中慢慢地成长吧。

如果能够做到眯着眼睛看男人，睁大眼睛看自己，就会不断提升家庭的幸福指数，共同携手到白头。

拒绝敏感，做粗线条的“傻”姑娘

在和睦的家庭里，每对夫妻中至少有一个“傻子”。

——莎士比亚

还记得《红楼梦》中的林黛玉吗？聪慧却敏感，可爱却可怜。敏感的人往往灵动且有创造力，但如果过于敏感，特别是在爱情和婚姻中过于多愁善感，却会给自己和他人带来一些不必要的烦恼。过度敏感的人喜欢生活在自己编织的套子里，反复琢磨身边人的一举一动，仔细思量身边事的细枝末节，然后对号入座，让周围发生的一切在心里留下深深的痕迹，从而不能自拔。其实，与其疲惫地应对周围环境一丝一毫的变化，何不放下包袱，从改变自身开始，做一个粗线条的“傻”姑娘呢？

自信是驱走敏感的第一步

过于敏感的人往往缺乏自信心，当爱情与婚姻遇到问题或将要触礁的时候，习惯不断寻找埋怨自己的理由。即使事情并不是因她而起，即使别人从各个方面都进行了劝解，可她仍然把自己封闭起来，让痛苦继续发酵，让自己的心情变得越来越糟糕，进而影响甚至伤害到身边那些爱她的人。实际上，不自信往往是不成熟的表现，不仅对爱情与婚姻有害，对自己的身心更有害。

一女孩长相一般，却找了个相貌堂堂的男朋友。从相识的那天起，她的心便开始忐忑，先是怕他不喜欢自己，后来是怕他会甩了自己，为此，她一直苦恼不已。她说：“在我们相处的过程中，我特别爱哭，比如他的话说得严厉了一些，我就忍不住眼泪涌出来。为了不让我脆弱的神经再受刺激，我提出让他少与其他女孩接触。可这是不可能的啊，毕竟他也有自己的生活圈子。看着我们之间的关系变得越来越生疏，我又开始怀疑起自己的决定。最后，我才明白我的过度反应其实是因为我内心存在的自卑感。我虽然没有特别靓丽的容颜，却有足以骄傲的才华，还有乐观开朗的性格。可为什么自己却变成了现在这个样子呢？我应该有自己的生活，而不能总以他为中心。那一刻，我的心情豁然开朗。从此以后，我便高高兴兴地接受了他身边的男女朋友。也正是从那时开始，我发现，我还是很优秀的，生活开始向我展现出它五彩斑斓的一面。”

其实，每个人都有自己的长处与短处，只有扬长避短，不断发现自己的闪光点，处理好所面临的挑战，才会在提高能力的同时，提升自身的自信心，更大程度地激发应有的潜能，让自己的生活更精彩。

沟通是拒绝敏感的奠基石

过于敏感的人都或多或少有一点自闭的倾向，即便遇到再委屈的事情也不喜欢跟别人交流，而是不断地猜测别人的言行对自己所造成的伤害，随即开始怀疑周围的一切皆是针对自己而来。于是，很多负面的想法便开始蔓延：这个人太可恶了，我真是瞎了眼了，他真对不起我……其实，别人的言行并非冲你而来，一切不过是自己的臆测而已。

王女士是一个甘于吃苦、为家庭辞去了工作的家庭主妇。起初的生活挺惬意，她把家里收拾得一尘不染，每天都会学习如何给家人烧一顿可口的饭菜。可日子长了，她开始有些厌烦这种一成不变的生活。回忆起自己在职场上也曾经是叱咤风云的人物，心里不免觉得委屈。而这时，丈夫的公司正逐步走向正轨，订单也越来越多，整天忙得不可开交，两个人交流的机会日渐稀少。当她问起公司的业务时，老公就说："你照顾好家庭就行，这些新形势你也不懂啊。"而正是这些话，彻底打击了王女士。她开始经常失眠，头发也变得干枯了，皮肤更是变得没有了光泽，浓浓的咖啡成了她一刻也难以离开的"伴侣"。因为丈夫的话让本来就有些敏感多疑的王女士猜疑的心理加重了许多。恰巧有一天，她路过公司时，看到丈夫和一位女性有说有笑地走出来。她的第一反应便是丈夫有了情人，她便开始怀疑起他的一举一动。为此，她经常找老公的茬儿，并有意无意在周围人中说一些满腹牢骚的话。终于有一天，她积压的情绪爆发了，两人大吵一通，准备去离婚。走在离婚的路上，两人都逐渐平静下来，开始说出了自己的心里话。这时，王女士的丈夫才明白妻子心里的想法，并解释说那个女人不过是来自己公司调研的一个公务人员而已。最后的结局还算圆满，两人和解。因为孩子也大一些了，王女士重新找了一份适合自己的工作，也找到了属于自己的人生坐标，小家庭终于又恢复了平静。

不懂得如何沟通恰恰成了敏感与猜疑不断滋生的土壤，不但破坏了已经建立起来的感情，而且阻断了通往更加美好生活的路径，影响了自己的情绪，也破坏了家庭的幸福。

装傻是抑制敏感的灵丹妙药

俗话说：傻人有傻福。更有人说：聪明的女人要学会“装傻”！其实，女人的“装傻”，既是一种智慧，更是一种境界。当无端的猜疑占据大脑时，退一步便是海阔天空；当乏味的解释不再奏效时，矮一截便是平心静气。正如雨果所说：“世界上最宽阔的是海洋，比海洋更宽阔的是天空，比天空更宽阔的是人的心灵。”

经常看到为情所困的女士发帖怒斥丈夫的不堪：“我对他那么好，他为什么那么没良心？他的袜子衬衫都是我亲自买的，他的衣服都是我亲手给他洗的，对于这个家，我付出了那么多，他却跟我撒谎，刻意隐瞒自己的行踪……他竟然说我平常疑心重，不敢告诉我，怕我生气上火，这算什么理由？这日子真的没法过了。”日子真的没法过了吗，还是自己太自以为是了呢？其实，生活中怎么能少得了鸡毛蒜皮，如果把每件事情都算得那么清楚，岂不是成了一台巨型计算机，每天的主要任务就是计算自己的得与失吗？实际上，无论是在爱情与婚姻中，还是在工作与生活中，我们都需要一份宽容与担待。“聪明难，糊涂更难，由聪明变糊涂更是难上加难。”以宽容的态度对待身边的人和事，才能以平和的心态面对生活，这样的人才不会惧怕人生中的风风雨雨，坎坎坷坷，笑到最后的人必定是她！

敏感并不可怕，可怕的是一生都处在敏感的旋涡中不能解脱。生活是多彩的，抛弃无谓的揣摩与感慨，亮出自身的青春与魅力，才能让我们的生命变成一道道亮丽的风景线！

多疑是绳索，不要被它所羁绊

信任是婚姻关系中两个人所共享的最重要特质，也是建立愉快的成长关系所不可或缺的。

——尼娜·欧尼尔

在生活中，尤其是在婚姻中，多疑是一种极为致命的顽症，不仅经常会把自己逼入死胡同，也经常会让身边的人痛苦不已。一般情况下，多疑的人往往是悲观派，她们经常只看到事物消极的一面，很少看到生活中美好的一面。其实，当你敞开心扉，用乐观、积极的心态面对生活，就会发现事实远没有想象的那么糟糕，结果也没有想象中的那么可怕。保持一份平和的心态客观地看问题，才能让自己快乐生活、健康成长。

多疑之事大多为凭空臆想

虽说爱一个人就要爱他的全部，但无端的猜疑却会让爱你的人疲惫不堪。曾看过这样一个笑话：老杨生性开朗，乐于助人，人缘极佳。他朋友满天下，尤以女性朋友居多。老杨和他媳妇谈恋爱时，大家提醒他少和其他女性来往。出乎意料的是，他媳妇（原女友）竟然对此不闻不问，好像老杨的一切跟她无关。她说："我要是不信任他，那还谈什么恋爱？"一时间，这句话成了周围朋友教育女友的最佳措辞。谁知，两人结婚后，老杨忽然变得不苟言笑。朋友问原因，老杨总是苦笑两下就不再言语了。直到有一次他喝多了酒才道出了实情。原来他媳妇给他约法三章，其中一条为：不打报告，绝对不能跟女性朋友聊天、吃饭……得到允许后，还要如实回答该女性的个人情况。就连老杨打电话、接电话，他媳妇过后都要重拨一遍，告之：我是他媳妇，请问你刚才找他有什么事？老杨为此大为苦恼。朋友叹气之余，也纷纷给他出谋划策。一天晚上，他媳妇先上床睡觉了，老杨打了个电话。由于怕惊扰她，所以老杨说话声极小。谁知越是这样越引起了他媳妇的怀疑。趁老杨上洗手间的工夫，他媳妇光着脚跑下床，按了重拨键，轻声问："我是老杨的媳妇，请问你找他有什么事？"电话那边说："死丫头，我是你妈！我告诉他你怀孕了，要他好好照顾你，别让你干重活。"老杨再也忍不住了，哈哈大笑起来。虽说这事说得稍微有点夸张，可事实是，这样夸张的事情却经常会在现实的婚姻生活中上演。

多疑的心态，不仅影响婚姻生活的正常进行，同时也关系到自己的个人形象问题。很多时候，它会成为吞噬爱情之树的蛀虫，把多年辛苦浇灌的爱情之花蚕食掉。这种多疑的病症从何而来？心理学上把多疑归结为自尊心过重。一个人本来可以通过足够的自尊树立正确的价值观，但过犹不及，强烈的自尊心一旦过剩，就会走向另一个极端，产生相当可怕的后果。

婚姻中没有那么多弦外之音

有句话叫，听话要听话外音。意思是你在听别人讲话时，要懂得从别人的话里揣摩其真实意图。这本来是教导我们多了解别人的心思，以便更好地掌握主动权，为下一步行动奠定基础的，可如今，很多进入婚姻围城的女性却经常刻意去听话外音，丈夫无心的一句话很可能就会让她浮想联翩。其实，家庭生活中哪有那么多斗智斗勇，完全没有必要因为对方的某句话而大动干戈。

下面的故事足以说明这一切：

两个小夫妻非常恩爱，只是妻子似乎太在意丈夫的每一句话，总是能听出一些弦外之音。一天晚饭时，丈夫无意之间的几句话又勾起了妻子的伤感。最后竟干脆收拾好桌子，躲到厨房抹眼泪去了。摸不着头脑的丈夫，一下子还没反应过来是怎么回事。他心想自己没多说什么呀，只是在妻子提到儿子不好带的时候，说起母亲边干农活，边把自己拉扯大也真不容易。当时她的脸色好像有所变化，难道真是因为这些？事实还果真如此，因为妻子由此竟想到，这是丈夫在埋怨自己只是在家照看孩子还叫苦不迭，真是无能。好在丈夫的连连解释，才让她从不着边际的胡思乱想中回过神来。

像这样的场景，在这个家中经常上演。因为丈夫嘴里随便说出来的一句话，她都能听出弦外之音，然后小心翼翼地检查自己的举止言谈。就这样，她的脾气变得越来越大，经常为了芝麻大小的事，偷偷地抹眼泪。有时受不了了，就会没头没脑地向老公发一顿火、吵上一番。这样的日子持续了一段时间之后，冷战便开始了，最终发展到离婚的地步。妻子的猜忌竟葬送了自己美好的婚姻和家庭。

信任是维系婚姻的纽带

有人说，宁愿相信白日见鬼，也别相信男人那张嘴。也有人将信任危机称为“乳白色的谎言”。在互联网迅猛发展的今天，不仅使平常人之间的诚信严重缺失，连家庭成员之间的信任也是危机重重。究其根源，外界的喧嚣与内在的迷失是主要诱因，我们在快节奏的社会生活中，逐渐失去了自我反省与审视爱情的能力。当遇到感情困惑时，首先会不自觉地将矛头指向对方，猜疑、抱怨、痛恨等诸多情绪齐上心头，婚姻生活也被弄得一地鸡毛。有句话说得好：信任是盐，让我清醒，使我们能够更好地爱对方。但是，在现实生活中，信任却早已成了比宝石还珍贵的东西。因此，信任危机也开始四处蔓延。

某年秋天，小丽怀孕了，一家人都特别高兴。父母也非要搬过来与他们小两口一起住，说是便于照顾她。现在每天下班都能吃上热腾腾的饭，小丽觉得很惬意。可她的老公却觉得很别扭，因为他每次下班回来晚了，小丽的父亲都要盘问他干什么去了。中秋节那天晚上，他说有几个朋友要聚聚，可能要晚些回来。第二天母亲偷偷告诉小丽，昨晚她一直从窗户里观察她老公，看到是一个女人送他回来的。小丽的心里一片烦乱。从此之后，小丽便开始关注起老公的一举一动。没过几天，小丽在翻动老公的皮包时，竟然在里面发现了几张激情电影光盘。小丽再也忍不住了，立即质问他这是怎么回事。老公解释说是给一哥们儿捎的，可小丽怎么也不能相信。两人大吵一通，并冷战了很多天。他们的矛盾越积越深，后来老公干脆搬到公司住。当小丽忍不住打电话问老公为什么不回家时，他说，我们之间已经没有信任，再多的解释只是徒劳的。他说他最不明白的就是为什么现在小丽总是不能相信他所说的话。

是呀，为什么就不能相互信任呢？我们最希望疲惫的身心能在回到家的那一刻得到彻底放松，我们也最希望能把彼此的心里话说给对方听，我们更希望彼此都是对方最信任的那个人。既然如此，放下戒备，信任他，支持他，才会让自己的婚姻更美满。

我们都希望婚姻如祝词中所说能够“百年好合”，可正是这美好的愿望会束缚住我们自己的手脚和心灵。很多人都宁愿为了守住一个人，可以牺牲自己的一切，并希望他也能这么做。也许，束缚我们的并不是婚姻，而是我们对婚姻的理解。选择了婚姻，生活就向我们开启了另一扇门，在这里，我们需要放下多疑的心结，不去探究过多的话外之音，而要把信任化作一条条红丝带，引领婚姻走向更加美好的未来。

没有小心眼的女人活得更自在

不是血肉的联系，而是情感和精神的相通使一个人有权利去援助另一个人。

——柴可夫斯基

在爱情与婚姻的世界里，到底有多少女人没有小心眼呢？不管科技如何发展，这样的问题也永远无法得到准确的答案。小心眼这个词似乎是女人的“专利”，但大多数的女人并不希望自己是小心眼，更不喜欢小心眼的女人。但结果是，即使意识到这些问题，很多女人却依然故我，不断让小心眼蚕食原本还算美满的爱情和婚姻。而无论是在现实生活中还是文学作品中，我们经常会看到那些真正拥有一颗宽容大度的心灵的人最后都赢得了尊重，获得了圆满的结局。这向我们证实了一个道理：没有小心眼的女人活得更自在，更精彩。

别让小心眼蚕食婚姻

女人小心眼的存在有很多原因，有些是生理上的，但更多的却是心理方面的。比如，男人只要知道女人现在爱的是他就可以满足。而女人呢，只有知道自己是男人过去现在将来唯一的最爱才能真正获得完全的满足，因此女人更愿意纠缠这个问题。女人的小心眼也有很多表现，但归根结底，基本都和感情有关。比如女人喜欢对男人过去的感情生活耿耿于怀。男人往往百思不得其解的是：为什么女人总爱对自己过去的感情刨根问底呢？可问题是，如果不说的话，女人会觉得他不诚实，难以信任；可如果完全交代的话，又会让女人觉得他经历得太多，以后难以驾驭，并且在以后有点小矛盾时，还会经常被拿出来责问他是不是在想着前女友。如果男人稍有松懈回答不慎，当即引火上身百口莫辩。起初，男人对这样的纠缠一般还能勉强应对，但发生的次数多了，男人就会变得懒得搭理，最后干脆避之唯恐不及，甚至都不愿再回家了。

但是，有的女人却在这方面做得很好。一天晚上，老公回来都十点了，看着他有点醉意，小霞赶紧说："洗洗脚再睡觉吧！"老公说："不用洗了，刚刚洗完，在洗脚城洗的！来了个客户，非要陪他去洗脚。"这时的小霞不急不恼，反而笑着说："没找个漂亮小姐帮忙？"老公说："看你说的！孩子还没睡呢，守着孩子就敢胡言乱语！"小霞赶忙扮个鬼脸不再言语了。你看，多么机智而大度的女人，不仅用语言调侃了老公，还很机智地避开了敏感的话题，让老公知道她很在意他，希望他能对家庭负责。

如果是一个小心眼的女人，一听老公去洗脚城就会很紧张，总觉得去那里是很不光彩的。一个朋友前些天说，她老公去洗脚城了，正巧她给老公打电话，得知老公正在洗脚，朋友就恼了，对着老公一阵大吼，并叫老公赶快滚回家！这件事让她老公很没面子，回家之后两人更是大吵一架，闹了个鸡飞狗跳。其实，男人在外也不容易，只是偶尔洗个脚消除一下疲劳，根本不用那么紧张。

女人的小心眼，累了自己，蚕食了婚姻。

把握当下的幸福

一个喜欢焦虑的女人，总是对过去的事情挥之不去，不知自己说的话、做的事情给别人留下怎样的印象。同时，又会因为未来的不可知而变得迷茫，并失去向前行走的动力。忧虑总无时不在地伴随左右，成了折磨自己的魔鬼。有时候这种现象还会变本加厉。有些人喜欢将自己装扮成一位沉思中的哲学家，时刻寻找生命的意义，却又不具备哲学家清晰的思路，只能越想越累，越想越乱，最后竟找不到自己曾经的那种平和与快乐了。

有天早晨，小丽突然晕倒在书房冰冷的地板上，缓缓醒来时，才发现自己怎么这么愚蠢。生命也许真的会戛然而止，而自己却在浪费这个对每个人来说仅有一次的进入这世界的机会。她终于意识到，生活在过去的回忆和未来的向往中是很不明智的，把现在的每一天打理好才是最重要的。生命的意义不就在这生活中的每时每刻吗？

记得自己还曾抱怨上学时没有好好学习，以至于没有进入自己梦想的大学校园；恋爱时没有勇气追寻自己所爱的人，以至于竟不知这人间最甜美也最痛苦的滋味是怎样的；工作时，又未全心全意地投入工作，以至于虽业绩还不错，却一直未能有什么建树；照顾家庭时，也未能全身心地投入，以至于现在面对家人，总有太多的愧疚。于是，每天背负着这些沉重的负担，自己不断地折磨自己。

可你有没有仔细想想，又有哪一样没有拥有呢？你有上大学的机会，有实现自己梦想的机会；即使没有惊天动地的爱情，你完全可以把握命运安排给你的那个愿意疼你和爱你的人；即使没有轰轰烈烈的事业，却也可以收获工作中诸多的经验，得到他人的欣赏和赞誉。

过去的也许总会留下些许遗憾，但就算如果再有一次机会重新选择，你就会有更好的选择吗？生活在过去中的人是可悲的，因为那是她没有勇气面对现在。未来的一切会怎样，有很多事是无法预知的，因此，你不必焦虑，也别事事较真，立足眼下的点点滴滴，把每一天过好，积蓄力量，相信你的未来不是梦，用心寻觅，就会收获到难以预料的惊喜！

懂爱的女人最“幸”感

女人在被爱的时候是美丽的，而懂得爱的女人便是婚姻生活里常开不败的那朵花，灿烂而炫目。一对老年夫妇，衣衫褴褛，华发斑斑，每天拾荒不止。尽管过路的人都很少正眼瞧他们一眼，然而，当他们为彼此的手呵气，只为对方能更暖和一点的时候，当他们在过去几十年的岁月里互相扶持，互谅互让，不离不弃的时候，他们却是天底下最幸福的夫妻。而这个女人就是那个最幸福的妻子，她的美丽在那一刻是天下最耀眼的光辉。

一个懂爱的女人，从认识那个他的那一天起，就决定用毕生的心力来维系这段难得的缘分。因为，她深知，两个人的相守需要全心全意的付出和理解来获得。毕竟平平淡淡的相守才是婚姻的真谛。

一个懂爱的女人，从进入婚姻的那一刻起，就明白两个有着不同经历的不同个体走到一起，不能只凭一时的激情。相互了解互相适应的过程很漫长，但她从未企图去改造她的丈夫，她知道感情的拥有不靠一时的得失。

一个懂爱的女人，从建立家庭的那一时起，就特别重视提高家庭的生活质量。她不会整天蓬头垢面地面对丈夫，因为她觉得爱一个人就应该把自己最漂亮最精彩的一面展现给爱人。

一个懂爱的女人，不论何时何地，都注重提高自身的素质。她会不断学习，时刻不忘自己的理想和追求，这令她永远充满活力与魅力，因为她知道，保持与时代同步前进，才会让男人更爱自己。

人们常把女人比作柔美的花朵，那么宽容大度的爱就是花朵上面凝成的晶莹露珠。人们常把女人比作一条河，那么宽容大度的爱就是河里的水，那些潺潺流动的水声就是家庭生活里最美的乐章。

你的挑剔只会把男人往外推

与家人交往，第一件应学的事，就是不要只注意对方的缺点，如果那些东西并不是激烈得与我们相冲突的话。

——詹姆士

现代社会，女人对男人的要求越来越高。女人希望男人有钱，有房子，有车子，有责任心，有同情心，有爱心，还要有善心。在女人无比挑剔的目光下，男人不得不感叹做男人的艰难，想要做个女人心目中的好男人就难上加难！男人不是天生都是有钱、有房、有事业的，就算他有这些条件，可你有他要求的条件吗？

要学会知足常乐

我们经常会看到，女人要求男人会赚钱，但又不想他成为富翁。因为女人害怕男人有了钱就变坏，但不会赚钱的男人又太窝囊；女人要求男人要有事业心，但又不能成为工作狂。如果男人为了事业而不理会自己的喜怒哀乐，会让女人感觉自己在男人心目中的地位受到了影响；女人要求男人要帅还要有魅力，但又担心太有魅力的男人会成为别人眼中的猎物，威胁到自己的地位；女人要求男人富有幽默感，但绝不能表现得很随便。幽默而风趣的男人可以给婚姻生活增添无限的乐趣，但这种快乐是她的专利，你不能带给别的女人；女人要求男人自信，但绝不能自大。这种度的把握完全得看男人自己的掌控；女人要求男人懂生活会娱乐，但绝不要五毒俱全……如此挑剔的女人，让天下的男人对她是既爱又恨，如果永远只按自己的标准去选择，肯定不会有好的结果。

古人云：知足者，常乐也。总盯着别人有而自己没有的东西，会让自己的心理变得越来越不平衡，因为人经常会在不理性的比较中迷失自我，找不到自己的目标和前进的动力。

一位大龄女郎就曾一直被这样一个问题困扰，她已经28岁了，可结婚之事仍遥遥无期，这让她感觉很郁闷！仔细想想，她相亲已有几年，见过的对象也有近百个了，可哪一个似乎都难随她的心愿，因为那些男人都不符合她的要求。有的男人有钱，却没品位；有的男人有地位，长相却很难入她法眼；有的男人学历高，她却认为人家太穷酸。因此，她总在感叹：怎么总是遇上些歪瓜裂枣没人要的“残次品”？

其实，冷眼旁观的人也在不断感叹，像她这样找男朋友，怕是难以找到合适的喽。我们都清楚，每个人都有自己的长处和短处，即使是我们自己，也并非完美之人。如果别人也用这么挑剔的眼光看我们，我们就是难得一见的人才吗？实际上，爱情和婚姻生活都是如此，追求得越多，失望就会越大。在经营爱情和婚姻的过程中，我们要做到不贪婪、不挑剔、不较真，看清自己，看清对方，把自己人生路上的那棵爱情树，用心地栽培和呵护，它才能够结出丰硕的果实。

不挑剔，用情人的眼光看待彼此

为什么人们常说情人眼里出西施？也许是因为热切的感情蒙蔽了理智的双眼，你可以对对方的缺点视而不见；也许是即便你注意到了对方的弱点，仍然可以宽容大度地说声：无所谓，我就是喜欢他。不管怎样，如果你能在长期的爱情和婚姻生活中用一双情人的眼睛看待你的另一半，这样的感情生活将是持久而有活力的。如果夫妻双方失去了这双情人眼，挑剔对方的毛病往往会成为家庭生活中的主旋律，互相的指责也就成为家常便饭，因为彼此看到的都是对方的缺点和不尽如人意的地方。久而久之，就会产生厌恶感，你会变得更加喜欢挑剔，喜欢抱怨，这样的婚姻将变得岌岌可危。

英国著名政治家狄斯瑞利在35岁之前如他以前所说，真的没有结婚，但后来，他向一位有钱的寡妇恩玛莉求婚，那是位比他大15岁的寡妇，尽管五十岁了，且头发已苍白。狄斯瑞利所选择的有钱寡妇既不年轻，也没有美貌，也不聪明——比平常人差远了，并且她的说话充满了令人发笑的错误。例如，她永不知道希腊人和罗马人哪一个在先，她对服装的品位是古怪的，她对屋舍装饰的品位是奇异的，但她是一个天才，一个真正的天才，她的天才表现在婚姻中最重要的事情上：处置男人的艺术。她没有用她的智力与狄斯瑞利对抗。当他整个下午与机智的公爵夫人们勾心斗角地谈得筋疲力尽以后回家时，恩玛莉的轻松闲谈使他松弛，家庭使他日增愉悦，成为他获得心神安宁的温存之地。那些与他的年长夫人在家度过的时间，是他一生最快乐的时光。她是他的伴侣、他的亲信、他的顾问。每天晚上他从众议院匆匆回来，告诉她白天的新闻。而最重要的无论是他从事什么，恩玛莉从来不相信他会失败。30年时间，恩玛莉为狄斯瑞利而活，而且只为他一个人。甚至她看重自己的财产，只是因为财产能使他的生活更加安逸。

反过来说，她是他的女英雄，在她死后他才成为伯爵。但即使他还是一介平民时，他就成功劝说维多利亚女王擢升恩玛莉为贵族。所以，在1868年，她被升为毕根菲尔特女爵。恩玛莉不是完美的，但30年时间，她从未厌倦讨论她的丈夫，她总是不断称赞他。

他呢？是这样评价他的爱人的：

“我们已经结婚30年了，”狄斯瑞利说，“她从来没有使我厌倦过。”

“谢谢他的恩爱，”恩玛莉习以为常地告诉他与她的朋友们，“我的一生简直是一幕长长的喜剧。”

求同存异，学会包容

当我们走进婚姻的家庭生活里面，总会有很多不顺心的事情产生，虽然我们总是会去试图找寻一些方法解决生活中所发生的问题，希望在处理这些问题的过程中，夫妻关系可以一步步得到改善和提升，但事实是，有很多事情我们仍然处理不好。因为在家庭生活中，我们会慢慢发现，我们对另一半的了解也许不是那么全面，而且有很大的偏差。因为在热恋中，我们总会去看那些好的，我们被爱情冲昏了头脑，看不到对方存在的问题。可当我们走进家庭时，我们就要连同他的优点和缺点一起接受了。这种变化往往是我们不想要的，于是就会产生抱怨，我们会说“以前你不是这样的呀，为什么你现在身上会有这么多的毛病呀”，其实，他本来就是这样的，只是那时你没有看清而已。遇到这样的问题，我们应该如何面对呢？是挑三拣四，让家里永无安宁之日，还是求同存异，学会包容，用心经营这份来之不易的感情呢？

我们当然会去选择后者，但选择是容易的，要想真正做到，却是不简单的。因此，在人与人的相处中，在一个男人和一个女人的相恋中，在一个家庭关系的处理中，我们都要有一种包容的态度。我们要想对方所想，当发生摩擦时，设身处地地为对方想一想，那时，也许你会发现，自己身上也存在一半的责任呢。当我们生活的环境中充满了情感，充满了人情味，这种婚姻生活是不是就有另一种味道了？这时的婚姻就会变成一种美好的礼物，每天都会让你有一种满足感，因为我们学会了包容，懂得如何用自己的智慧让婚姻生活更美好。

婚姻是一枚橄榄果，有苦也有甜，只要我们勇敢地去面对，用心地去打理，我们就可以把婚姻变成幸福的天堂。学会包容，学会沟通，学会理解，学会付出，学会去爱。在爱中享受生命，在爱中感受人生，在婚姻中体验合一，在家庭中承担责任。你懂得和学会这一切任何男人都会在沉醉和迷恋中不能自拔的。

在一起不用计较谁比谁付出得多

如果一个人没有能力帮助他所爱的人，最好不要随便谈什么爱与不爱。当然，帮助不等于爱情，但爱情不能不包括帮助。

——鲁迅

“幸福的人不是拥有与得到的多，而是计较与要求的少。”如果你理解了这句话的真谛，婚姻之路也许就会走得更顺畅。我们都知道，婚姻生活是双向的，幸福的婚姻更少不了彼此快乐、和谐的感觉。这就要夫妻双方都能够懂得付出，而不只是索取。我们每天都在追问，爱是什么？其实爱很简单：爱就是付出。付出你的欣赏、赞美，甚至崇拜；付出你的温柔、体贴，甚至宠爱；付出你的语言、行动，乃至心灵。

但怎样的付出才是值得的呢？

付出不等于忍让

当我们步入婚姻的殿堂，我们都会希望两人能够白头到老，爱情能够地老天荒。于是总会天真地认为，只要自己真心实意对他好，他也一定会感觉得到，并且也会对我好的。然而在现实生活中，事情却往往并不如自己预料般发展。付出多的一方经常会变成一种习惯，而享受付出的一方也会适应这种状态，到最后，就容易变成习惯付出的一方不论做什么都是应该的。付出并没有错，但当付出变成一种忍让，你的所作所为让他已经感觉到麻木，而你付出之后偶尔或经常的唠叨让他一刻也不想跟你待在一起时，这份感情也已经走到尽头。

在婚姻中，当你开始因为怕失去对方而全盘接受对方的无理要求时，当你心甘情愿为此而饱受折磨仍然死心塌地时，当你欣然接受对方对自己各种各样的冰冷面孔时，这样的付出就已经慢慢发生了质的转变。也许你会说“给你一个时间来爱我吧”，或者“你不爱我没关系，我爱你，看我的行动”。但像一个“奴隶”般地“付出”，依靠牺牲自我尊严来赢得对方好感的做法，却往往会事与愿违。

我们都知道，走进婚姻的殿堂，是为了让自己生活得更幸福，而不是自虐般地承受许多不愿承受的痛苦。但有的人却让自己的婚姻陷入这样一个心理“围城”：即便对方对自己的侵犯难以忍受，却依然不愿面对，更不愿主动地寻找解决的办法，而是在埋怨中继续“付出”，然后在深夜中独自咀嚼这份没有任何意义的“付出”带给自己的伤害。这绝对不是一种积极的婚姻模式。我们为了婚姻的幸福，生活的和谐，必要而适当地付出是应该的，但是，当你慢慢变成了婚姻的附属品，变成别人心里无足轻重的那个人，这时的爱情与婚姻就变味了。所以，我们必须时刻明白：我可以为家庭付出很多，但我不能为此失去自己的尊严，一味地忍让对方所有的无理取闹。因为爱的内涵只有懂爱的人才能体会得到。

你的付出要让他懂

曾经有首歌这样唱道：我的柔情你永远不懂！我们也会经常听到很多女人这样抱怨：我为了照顾家庭，把工作辞掉，不和外界接触；我为了这个家，很长时间都不买像样的衣服了……如果这些话只是在你们之间的感情已经接近冰点时，你用愤怒的语气大声吼出来，那么，换来的很可能只是对方很轻蔑地一笑或是不屑一顾地转头就走。

为什么我们感觉自己付出了那么多，可别人却对此没有任何反应，甚至觉得我们是在自作自受呢？很重要的一个原因就是我们的付出他根本不懂。

不论什么时候，爱情和婚姻都是需要经营的。结婚时所选择的，就是那当下在心目中最适合最完美的彼此，相互之间似乎就是那双飞的蝴蝶，心有灵犀，不用言语，自能明白彼此的心意。但结婚之后的生活，却是繁琐而重复的，慢慢地，夫妻之间的默契也会变淡。因此，我们在婚姻中要做的是不断地去适应、协调和沟通，而不是逃避、争吵和冷战。有效的沟通就是让他明白你的付出的最好方式。经常坐下来聊聊生活，聊聊工作，聊聊朋友，所有的幸与不幸，都会在这种畅谈中化作润滑剂，滋润着已经逐渐变得干枯的婚姻生活。

如果你的婚姻生活中经常出现下面这样的对话，那情况就不太妙了。

妻子：回来了？

丈夫：嗯。

妻子：吃饭吧！

丈夫：哦。

然后各自开始闷头吃饭，家里的空气沉闷得像是暴风雨来临前一般地压抑。

吃完饭之后，两人依旧沉默，各忙各的。他看电视，她看杂志。

妻子试探：你今天都干什么了？

丈夫：上班。

妻子暗示：就没点别的了？

丈夫：没有。

妻子面露愠色：我先睡了！

丈夫松了一口气：好！

丈夫不懂妻子在家操劳的不易，妻子也不懂得如何表达自己的辛苦和见到丈夫回到家的兴奋。这样的夫妻之间就像设置了一堵厚厚的墙，即使一方有再多的付出也难以感动对方。

如果我们将上面的话换成：

妻子：回来了？累了吧？快坐下休息会儿，你看我们家今天是不是整洁了不少？

丈夫：嗯。是呀，今天你肯定在家干了不少活吧。

妻子：可不是吗，我爬上窗户，把所有的窗子都擦了一遍呢。明天不是你的生日吗？总得让你有点重获新生的感觉吧。

丈夫：呵呵，你可想得真周到。

然后边吃饭边聊今天各自遇到的开心事。

妻子：我今天可找到了擦窗子的好方法，简单而有效，下次也给咱爹妈擦一下试试。你今天都干什么了？

丈夫：我们今天发奖金了。

妻子面露喜色：是吗？你们单位还真是不错。要加油哦！

丈夫：那当然，我有这么能干的老婆，我能不努力吗？

你看，多么轻松而愉快的谈话，不仅把彼此付出的劳动说得清清楚楚，还能让对方明白自己能够体会到他的付出。

真爱就别计较付出得多与少

应该说，轰轰烈烈的爱情是一种醉人的感觉，平平淡淡的婚姻是一种脚踏实地的行为。在爱情中，我们可以为彼此插上理想的翅膀，描绘最为完美的蓝图。

但在婚姻中，我们却最需要真诚而实际的行动。当你真正爱着那个和你朝夕相处的人，当你觉得你的付出都值得的时候，当你看到另一半幸福你就幸福时，就不必再去计较谁的付出更多一些了。因为，作为彼此的爱人，想拥有幸福的婚姻，更多的时候我们应该去自省，在携手同行的路上，我们为对方都做了什么？

在现实生活中，就有很多为了真爱不计较付出的真实故事。有很多讲述的就是丈夫瘫痪在床，妻子不离不弃地照顾，从没想过她会为此付出多少代价。也许有人会说她们太傻了，但真正的爱看起来就是傻傻的，不计较后果的。如果把每一份付出都计算得十分精确的话，就不会再有这么多感人泪下的故事发生了。

作为婚姻生活的主宰者，我们更应该时常想一想：当对方遭遇苦难时，我们是否给予了最热切的关心与体贴？当对方遭遇挫折时，我们是否给予了最温暖的理解与支持？当对方获得成功时，我们是否给予了最及时的祝贺与快乐？我们每时每刻都应该清楚，付出比接受更重要。因为付出是一种主动，一种掌控，一种变幸福为我所有的最好办法，而接受是一种被动，一种承担，一种为别人所左右的无奈之举。

让我们永不吝啬，永不倦怠，永不言弃，用心去爱值得我们去爱的那个人，享受付出的美妙，拥有奉献的快乐，让快乐与爱人同在，让幸福与婚姻同行！

给他保留一处秘密花园

若要对一个人维持交谊，是决不可揭穿他的秘密的，尤其是那种和自尊心有关的秘密。

——大仲马

有朋友说她的日记本放在书桌上，女儿问可不可以看看日记。她说：“那怎么能行，这里面有我的秘密。”“秘密？”女儿好奇地问，“你能有什么秘密？”在现实中，我们谁又没有那么点儿秘密呢？如果真要较真地让对方把所有的秘密都告诉你，就像要一个人赤身裸体站在别人的面前，谁又会愿意这么去做呢？其实，我们完全可以用换位思考的方式来处理这个问题，并且尽量做到即使知道他有秘密，也装作什么都不知道。

有秘密是人之常情

什么是秘密呢？字典上通常的解释是隐蔽、不为人知的事情或事物。既然是不为人知的，也就存在着两种原因，即不便为他人所知或不想为他人所知。但不管是哪一种原因，秘密都是存在于每一个人的内心深处，目前还不便于公之于众的事情。因此，即使你们是亲密无间的爱人，也许这些事情你也还不知道，至少是他没有向你亲口说起过。如果真的存在这种情况，我们也完全不必因此而悲伤或是难过。因为有秘密本就是人之常情，没什么大不了的。两个人之间互相保留一点不影响大局的秘密，不仅不会影响婚姻的质量，还能提升生活的浪漫指数，营造出更持久而温馨的家庭生活。

当然，对于不同的秘密，处理方式也需要视情况而定，主要的原则就是隐瞒的目的是什么。比如，丈夫和初恋情人偶遇，因为无法推脱，一起喝了一次咖啡，还是不是需要把这个告诉妻子呢？如果妻子是一个大度且信任丈夫的女人，那就完全可以如实相告；但如果妻子是一个非常喜欢计较这个话题的女人，那实话实说的结果往往是事与愿违，而且从此之后，便永无安宁之日了。由此看来，家庭中有些秘密的存在或是因为不必说或不需要说，或是因为女人太敏感，无保留地相告反而会招来许多不必要的麻烦。夫妻间当然应该互相信任，没有秘密是最理想的。但很多时候，为了不伤害彼此之间的感情，适当地保留一部分自己的小秘密也未尝不是一种爱的方式。

有这样一对老夫妻，两人非常恩爱，结婚也已有30年了。不过，最近妻子突然发现丈夫经常跟一位年龄相仿的女人接触，心中难免疑窦丛生。30周年纪念日那天，当她看到那个女人来到家里的时候，心里就像打翻了五味瓶。可事情并不是妻子想象中那样。原来，这个女人并不是要来横刀夺爱，而是来为她送丈夫专门为结婚纪念日订做的家具的。这个她曾经怀疑的女人也只不过是一个家具匠人，近来受丈夫委托帮忙做家具的。多年以前，为了改善生活条件，他们买了一处大房子，但在托运家具的时候，妻子的宝贝嫁妆——衣橱却不小心弄坏了。丈夫为了不让妻子伤心，一直隐瞒着这件事情，但却很想再给妻子一个惊喜，做一件新的衣橱作为送给妻子的结婚纪念日礼物。直到现在，这个愿望终于得以实现。

你看，这样的秘密是不是也让我们感动？彼时的隐瞒是为了此时的惊喜。这样的秘密不仅不会影响夫妻之间的感情，甚至更有利于夫妻感情的加深，并为平淡的婚姻生活增添不少色彩。

千万不要把自己打造成“私家侦探”

对于男人的秘密，女人都会很好奇。比如已经过往的恋情，生活中有没有红颜知己，是不是有私房钱等等。在结婚之前，互相追问这些事情似乎是情有可原的，彼此之间有时也会当成笑谈一样说说。但当真正走进婚姻，我们若还是揪住这些事情不放手，希望丈夫在自己面前不要有一点隐私和秘密，哪怕只是和朋友通电话都要把内容如实相告，那么迟早都会令对方不愿再面对我们，婚姻的危险系数也将会一路攀升，如果这时，我们还感觉不到潜在的问题，依然故我，这段婚姻也就可以说是名存实亡了。所以，当我们偶尔也会背着丈夫偷偷塞给娘家人一些钱时，当我们也会跟闺蜜说一些从不愿跟丈夫提起的秘密时，就请学会尊重男人，让男人也有属于自己的秘密。千万别把自己打造成影视剧中的“私家侦探”，无所不知，无所不晓，这样的婚姻是没法维持太久的。

首先，别对丈夫的手机紧盯不放。曾经有一部电影叫《手机》，以手机作为载体揭露了几个人之间复杂的男女关系。扑朔迷离的剧情吊足了女人的胃口，也彻底激起了女人对男人手机的好奇心。曾经有位女士，是位全职太太，本来过得悠闲自在，可最近却忙得不亦乐乎。匆匆忙忙做完家务后，便是通过各种方式查他老公手机上的电话号码。然后逐个加以分析，如有疑问，当即回拨，加以求证。一旦对方是陌生女性，她就会穷追不舍，一定要打听清楚对方是谁。这让她的老公疲惫不堪，甚至打算与她离婚，她才明白自己到底错在哪里。

其次，别把丈夫的钱包掏空。俗话说，男人有钱就变坏。而现实生活中，似乎又能经常印证这句话的真实性。于是，管住钱财，就管住了男人，似乎成了许多家庭主妇的共识。为了更有效地做到这一点，许多女人都会采取定期与不定期结合的方式搜刮男人的钱包，不让他们有“犯案”的可能。可一个钱包里只有几十元甚至几元的男人，又如何能够体面地维持自己的尊严，让别人瞧得起，让自己过得踏实呢？在外面感到颜面扫地的他，回到家里，能够和你温馨地过日子吗？这是一个值得思考的问题。而最值得关注的是，如若他的心早已游离于家庭之外，这样的行为无异于又把他向外推了一步，让你们的感情走得越来越远了。

最后，不要经常打探丈夫的行踪。女人虽然天生对地理位置并不敏感，却非常喜欢询问诸如“你现在在哪里，跟谁在一起”之类的话。如果不能得到确切的答案，还会不死心，转而求助于丈夫其他的朋友，颇有不让他现出原形绝不罢休的气势。这样的问题经常会让男人哭笑不得，不管回答与否，结局都不会多么乐观。其实，仔细想想，因为关心，知道对方在哪里是没有问题的，但过分的追问，却会让人感到不可思议。每个人都有自己的生活圈子，一个男人的世界中不可能只有家庭没有朋友，给他一份自由的权利，让他的生活更随意一些，只会对婚姻生活有百利而无一害。

其实，有好奇心本是人类的共性。但懂得适可而止，才是让婚姻生活美满幸福的关键。所以，别再纠缠于男人的手机、钱包和行踪了，给他点空间，两个人都会过得更轻松！

让男人有自己的秘密花园

当我们真正明白了有一点小秘密乃人之常情，当我们真正了解到做一个家庭“私家侦探”的潜在危害之后，是不是觉得应该给他保留一处秘密花园呢？

有研究表明，近几年来，网络技术使得人们能够在互联空间中构建自己的秘密世界，许多网虫同时拥有几个网名，在网络的世界里，他们可以扮演任何角色，尽情发挥想象力和演技。其实这就是他们在寻找那个“秘密自我”。也有专家称，适当地保留一点秘密会让一个人的身心更健康。既然如此，我们也就不必这般劳心劳力地追根溯源，给他一点自尊，给自己一点信任。这样，才能让他的心停留在家这个温馨的港湾中，也为千万年才修来的缘分留下一抹光彩。

总而言之，秘密就是一把双刃剑，适当地保留，不去触碰，不仅不会让婚姻出现危机，还会有助于加深夫妻感情，令爱情之果历久弥新。俗话说：“因为不了解而结婚，因为太了解而离婚。”有些时候，距离也是一种美，因此，应该允许“不影响夫妻关系”的秘密存在。

不要为男人的小瑕疵而较真

凡事都留个余地，因为人是人，人不是神，不免有错处，可以原谅别人的地方就原谅别人。

——李嘉诚

当一群女人聚在一起时，也许会有一个话题可以让她们乐此不疲地聊个没完，那就是一起抱怨家里男人的坏毛病。女人也许确实比男人更喜欢关注细节，更喜欢男人把自己的话都当作圣旨一般来对待，做到让自己十分满意。但实际上，如果一个女人永远都用不知足的眼光来看自己的丈夫，那么，也许她永远不会有满意的那一天，即使把世界上最完美的男人交给她，她也会挑出一大堆的毛病。所以，男人的小瑕疵有时并无关大碍，关键是你怎样看待它。

时常反观自身

每个人都有坏习惯，就是女人自己也免不了有一些不完美的地方。受不了男人坏习惯的女人一般会有两个选择：或听之任之，不愿想办法去改变，却只是不停地抱怨；或从自身做起，在提高自身素质的同时，逐渐帮他改变先前的坏习惯，实在无法改掉的，就包容一些，不让抱怨影响两个人的生活。很明显，第二个选择要更明智一些。其实，抱怨就像腐烂的苹果一般，不仅自己让人生厌，还会让周围的苹果也开始腐烂。

有一位女士小柳，因为丈夫和自己外出时，觉得丈夫的品位不够高，让自己丢了脸面，回到家后，便开始唠叨个不停，这让丈夫非常反感。毕竟他也是经过精心准备的，为了提高自己的穿戴品位，他已经为此做了很大的努力，妻子不仅没有看到他的进步，反而不断地挑剔他的毛病，这让他心里很不是滋味。这次的他没有再忍气吞声，而是把自己的怨气全部发泄了出来。当他说出心里的感受时，小柳也开始反思自己的问题。凭心而论，丈夫穿得并不算糟，只是不合她所谓的“品味”而已。而且，也正如他自己所说，他也在努力改进自己呀。从此以后，每当丈夫外出时，他们都会一起探讨应该如何穿着，这让两个人的穿戴既合拍，又能显出自己的气质。而当小柳偶尔想唠叨时，她就会告诉自己，他穿的衣服，自己看得顺不顺眼并不重要，毕竟这个男人身上还有很多其他的优点，这些小瑕疵根本就算不了什么。

多数男人都会认为，身边的女人是越来越挑剔的。在恋爱刚开始时，好像他做什么都好，可日子一长，对他的指责越来越多。女人却认为，自己所做的这一切，不过是希望他能变得更好，因为从小地方改变，或是注重生活细节，会让这个男人更完美。但实际上，你永远也无法处理好是先打扫屋子还是先处理天下大事之间的关系。一屋不扫真的会影响到扫天下吗？看来未必。如果懂得从大处着眼，为了婚姻和家庭的和谐，就不应该只在小处挑剔。想数落他的毛病时，不妨多想想他的好处。喜欢唠叨的女人往往忽视了一点：问题原来在自己身上。

有针对性地选择合适的方法

如果你的另一半有一些你不能忍受的小瑕疵，为什么不放弃无休止的抱怨，寻找一些合适的方法帮他慢慢养成好的习惯呢？

情景一：你在说什么的时候他在认真地听着，但最后你要征求他的意见时，他却总是说："对不起，我刚才没听清你最后说的是什么。"

其实，这种情况肯定是发生在你谈一些无关紧要的事情时。女人喜欢把自己的所见所闻一股脑儿地倾诉出来，但实际上，有很多信息是无关紧要的，因此大多数男人都会有选择性地接收。因此，我们不能指望丈夫任何时候都能百分之百地认真倾听。如果你觉得有些事情确实是需要他听到的，那就在快要说到一些很重要的事情时，给他一个信号作为暗示吧。比如，"下面这个事情我想听听你的想法"等。

情景二：再重要的节日，他都会遗忘得一干二净。

实际上，男人并不是有意忘记这些事情，只不过，在他们眼中，这些都是无关痛痒的小事情，所以，当有其他的事情一耽搁，他们就会出现暂时性遗忘。既然他经常会忘记，我们能记住，何不在节日到来前就及时提醒，并适时地给他一个惊喜呢？婚姻中的惊喜不一定非要男人来创造哦！

情景三：当男人有自己喜爱的球队比赛时，妻子总是会很悲哀地被抛在一边。

很多男人钟爱体育类节目，似乎已经是无法改变的事实，如果有人想要改变这个状况，那只会是徒劳无功的。既然如此，何不放松心情，接受这个现实呢？毕竟，再精彩的体育节目也有落幕的时候，你的那个他还是会回到你身边的。

真正的爱比其他一切都重要

即便他没有多少能力，即便你认为他在很多地方仍不尽如人意，但如果你知道他是真正爱你的，其他的一切都可以忽略不计。

小李提到一个自己真实的故事，它足以说明感受到爱是婚姻生活中最重要的：她几乎没有看到他流过泪，仅有一次看到他流泪，是在非常疼爱他的奶奶去世的时候。此后，便再也没有见过他流泪。在她心里，他一直是个非常坚强的人，而且无比宽容。

小李是一个喜欢浪漫的人，也非常愿意制造浪漫，可她发现，她的这些想法只是自己的一厢情愿。对于她写的信，他只是很腼腆地笑笑，却从来没有见他回复过。过节时，她希望收到他送来的花，可他却宁愿静静地把她的皮鞋擦干净，把家里打扫得一尘不染。

无论她想做什么，他一定会站在她的身后默默支持。当小李准备考研时，他总是默默为她端上一杯水或是一杯奶，然后，悄悄离开，把电视关到小得都快没有声音的程度。当她如愿以偿地考上了研究生，准备辞职时，他顶着各方面的压力和家里老人的反对，为她准备需要的材料，陪她忙前忙后地跑。对于这些小李心里都非常清楚，也很是感动，可是任性而又懂生活的她总觉得他太不懂浪漫了，不知道如何取悦自己的妻子。

开学的日子到了。当他把她送到学校，安排好一切后，转身离去了。看着他的背影，她心里忽然空荡荡的，对身边的妹妹说，你看你哥哥连头也不回。妹妹却意味深长地说，也许我哥哥眼里含着泪水，不敢回头，怕你伤心。此刻，她不禁心头一酸。

每个周末，他们都会去小李家看望两个老人，但这次她离开了家，他便独自一人去了。晚上小李母亲在电话里说，他在他们面前竟禁不住哭起来，说小李不在家，自己心里很空，才一天，却那么地思念。小李拿着电话愣在了那里。

原来她在他心里一直是那么重要，只是他没有把那些话挂在嘴上而已。

两个相爱的人很容易因为一点点小毛病而挑剔对方，有的甚至极其较真，好在故事中的小李及时地发现了自身的问题，也感悟到了真爱的力量。爱他，就不要任性地挑剔他的小瑕疵，否则肯定会让这个爱你的男人不堪重负。时刻保持一颗感恩的心，不断发现生活中点滴让你感动的事情，才会让人生常活常新。

学会在婚姻生活中做一个不计较小瑕疵的女人，才是智慧的、成功的，这代表了一种生活态度，更代表了一种精神境界。凡事不可太计较，顺乎自然才是智者所为，只有当你真正认识到这一点，才能更加从容地面对生活，婚姻也才会更加幸福美满。

真诚赞美男人，不必抬高自己

人性深处最大的欲望，莫过于受到外界的认可与赞扬。

——威廉·詹姆斯

俗话说：“顺情说好话，耿直讨人嫌。”我们在生活中都很注意在与周围的人交往时，多说一些“赞美”的话。女人的赞美不仅是对男人价值的肯定，更是对男人魅力的一种真诚欣赏。这些无疑都会大大增强他们对自己、对外界的信心，激发他们对家庭更强烈的责任感和归属感。赞美他，仿佛就是用一支火把照亮他生活的同时，也照亮了你们共同前进的道路。由此看来，赞美是一件好事，但绝不是一件容易的事情。赞美别人时要审时度势，掌握一定的赞美技巧。因此，我们要理解赞美、懂得赞美，更要学会赞美。

赞美他要把握好时机和场合

几乎没有一个人不喜欢别人赞美自己，婚姻当中，更需要赞美。当我们用赞美的语言称赞男人的时候，他也会对我们的赞美充满感激之情。如果经常赞美他，婚后感情就会不断升温。但赞美的效果如何与时机的把握有很大关系，其关键之处就在于要相机行事，真正做到“美酒饮到微醉后，好花看到半开时”。

当一个男人计划做一件有意义的事情时，开始时的赞扬能激励他下决心做出成绩，困难时的赞扬可以让他继续坚持自己的理想，结束时的赞扬则可以肯定成绩、指出进一步的努力方向。应该把握恰当的时机，在每一个阶段对男人进行不同的赞美。在计划之初，除了为他出谋划策之外，还应该多说一些鼓励的话。例如，当你的丈夫在准备投资一项业务的时候，如果你也觉得他的做法是合理的，你就应该说：“这项业务虽然有些风险，但前景可观，还能锻炼交际能力，老公，我会一直支持你的。”这时候，不论是谁，除了感激之外，都会更加慎重地准备下一步的工作事项。因此，事前的赞美既是一种鼓励，又是一种提醒，如果能够把握好，就会收到双重的功效。做事的过程中遇到困难时，你更应该支持他。这时，就应该经常说：“老公，你做得很好，只要坚持下去一定会成功的，我支持你！”而事后的赞美则要根据结果区别对待。如果结果很圆满，一家人在分享成功的果实时，最应该说的就是：“老公，你真棒，你可是我们全家的骄傲。”这些话会让他在喜悦之余，也明白家庭是促使他成功的坚强后盾；如果事情的结果并不如预期那般如愿，就应该安慰加鼓励的话一起说：“老公，你知道这个有多难吗？你能做到现在这样，已经很难得了，总结经验，下次一定没问题的。”

赞美不仅要把握时间，更要分清场合，这同样会收到事半功倍的效果。比如，当丈夫的一群朋友聚会时，你可以赞美他的厨艺不错，但不能说他在家里做牛做马，什么都干，这会让他觉得很没面子，以后家庭中的这类事情恐怕就很难再由他完成了。再如，当你的丈夫把一件事情干得很糟的时候，你反而对他说：“老公你干得真棒！”这个时候他看你会比看仇人还生气，因为你那样已经不是在赞美他，而是在讽刺他，他会觉得你是在找机会给他难看。

赞美是一种能够唤起彼此内心共鸣的语言，把握住正确时机和场合的话一定能够让他更深地了解你、爱你。

赞美他要真诚

虽然人人都喜欢别人的赞美，但是不是所有的赞美都能让人高兴呢？答案当然是否定的。能引起对方好感的只能是那些发自内心、真心实意的赞美。如果你只是没来由地、虚情假意地赞美他，不仅会令他感到莫名其妙，更会引起他的反感，让他在以后的生活中都会对这类赞美深恶痛绝。只有真诚的赞美才会让人产生心理上的愉悦，进而产生和谐共鸣的感觉。因此，我们应该从具体的小事情入手，用简单却富有诚意的语言表达自己的心情，这样的赞美才是他最需要的。

曾看过这样一则故事：一位妻子的丈夫是一个不务正业的男人，并且脾气暴躁，经常打骂妻子，这让她整天以泪洗面。某天，她终于忍无可忍，到法院请求法官判她与丈夫离婚。法官询问为什么要提出离婚，她一口气就说出了许多理由："丈夫每天喝酒，并且酒后打骂自己，天天赌博，从不做家务"等等。法官听完后问她："刚结婚时他这样吗？"她说："那时候很好呀，没有这些恶习。"法官说："既然他的行径如此可恶，可以判决你们离婚。只是我有一个条件。"她看着法官说道："只要能与他离婚，我什么条件都答应"。法官说："你今天回去后要每天从他身上找出一个优点，如实地将这个优点用表扬的口气告诉他。半个月后我亲自到你家来为你们办理离婚手续。"第二天清晨起床后，妻子走进丈夫的房间按照法官说的找优点，此时的丈夫正在酣睡。她发现丈夫前一天并没有喝醉酒，于是根据法官的指示，很高兴地说："老公，你昨天表现得真不错，没有喝醉酒。"丈夫被老婆这句表扬的话惊得目瞪口呆，以为老婆发神经了，因为结婚到现在多少年来从没有听到老婆表扬过自己，听到的全是指责和谩骂。

他洗漱完后上班去了，一边上班一边回味老婆的表扬，心想我不喝酒，是因为身体不舒服，没想到，老婆会这么高兴，还表扬我。于是，第二天，他早早就回家了。这次，老婆更高兴了，说："老公，你回来得这么早啊，真是让我刮目相看呢。"老公的心里开始涌起阵阵暖流，高兴地挽起袖子帮老婆做起了家务。此后，他经常受到老婆的表扬，每天都会感受家里的温馨。渐渐地老公身上的各种恶习就这样在老婆的真诚赞美下不翼而飞了。半月后法官如期到家中为他们办理离婚手续，老婆赶忙说："我们不离婚了，我老公现在变成了世界上最好的男人。感谢法官，你救了我们这个家。"丈夫在老婆的表扬声中不但改掉了恶习，而且也学会了用心去发现老婆身上的优点，不断地去表扬她，从此夫妻俩互相赞美，互相鼓励，相敬如宾。

这个故事，可能让你觉得有些不可思议，但当你真正把法官的话用在现实中时，却能发挥非常奇特的作用，让夫妻感情越来越甜蜜。因此，不妨将法官的话运用到自己的婚姻中试试吧。

赞美他要适度

孔子曰：过犹不及。恰如其分、点到为止的赞美才是真正的赞美。过多的华丽辞藻，过度的推崇都不会收到预期的效果。比如说，你的朋友歌唱得不错，如果你对他说："你唱歌真是全世界最动听的。"这样的赞美只会让他反感。但当你说："你的歌唱得真不错，挺有韵味的。"却又会是另外一种效果了。

在家庭中，也是如此，当他做了一件让你满意的事情时，你微笑着送上自己的拥抱，并告诉他，他的表现让你感觉很温暖，让你感觉找到他是很幸福的，这比说一些华丽的语句会更有感染力。赞美他，是对他精神上的激励。不必用多么繁杂的语言来修饰，越质朴的语言越能产生心灵的共鸣。任何人在成长过程中，都渴望得到别人适度的赞美。夫妻之间的相互赞美，不仅可以互勉互励，共同提高，还可以加深感情，为彼此营造一个和谐的家庭氛围。

赞美他人，是一种豁达的心态和良好的修养，也是一种做人的美德，更是形成一个温馨的家庭环境所必需的。让我们从现在开始，怀着一颗真诚的心去肯定和鼓励他，去称赞和赞美他吧！

不干涉男人的梦想和追求

人类的幸福和欢乐在于奋斗，而最有价值的是为理想而奋斗”。

——列夫·托尔斯泰

每个人都有自己的梦想，即便我们在生活中只是一个卑微的角色。在追寻梦想的道路上，一定不会是一帆风顺的，总会遇到数不清的坎坷和挫折，但有了坚定的信念，坚持不懈的努力，再加上家人的大力相助，就一定会实现自己的人生梦想。当然，现实很残酷，在婚姻中，男人的梦想和追求往往不被别人理解，并且经常会遭到别人的嘲笑和干涉。这是可悲的，也是婚姻生活不幸福的根源之一。那么，怎样去正确对待男人的梦想和追求呢?

了解男人的梦想和追求

一个人能取得多大的成就，很大程度上取决于他的梦想和追求。有的人梦想成为爱因斯坦一样的科学家，有的人梦想成为林肯一样的领导者，有的人则梦想成为教师、医生……但无论梦想是大是小，它都是每个人心中最崇高的向往，都是值得尊重的。因为梦想就是一粒种子，一旦接触到我们心灵的土壤，遇到合适的阳光雨露，它就能够生根发芽，茁壮成长。而这阳光和雨露，正是周围人，尤其是共同生活的人的鼓励和支持。当你的另一半神秘兮兮地告诉你他的远大理想时，你是会对此嗤之以鼻呢，还是会和他一起兴奋地讨论，并说出自己的建议？据一项调查显示，大部分的女人会选择前一种答案。因为很多女人更希望男人能以家庭为重，而不是去做一些冒险的事情。可一个男人，如果没有了追求，生活就会变得黯然失色。

有人说："理想就是内裤，不必让别人看到，因为真正的理想不是写在脸上，而是刻在心里的。"而每一个成功的男人背后一般都会站着一个强大的女人，这个女人不仅能够给予他家庭的温馨，更能给予他精神上的鼓励和支持。他能清楚地明白丈夫的理想和追求，并且以坚强的意志、完善的人格支撑他迈出成功的第一步。而正是家人的拥护和帮助，可以让一个男人慢慢走向事业的成功、人生的顶峰。

曾看到这样一个故事：小段的丈夫在一家公司工作，但对前景并不看好。如果老公被公司裁掉的话，一家人的生活将不可避免地面临困境。眼看孩子们越来越大，花钱的地方也越来越多，于是，一天借着和他聊天的机会，她便问："老公，你最想做的事情是什么？"他犹豫了半天，不好意思地说："我想学习中医。"原来她的丈夫从小就梦想能成为一名中医医生，并且从小就自学了很多关于这方面的书籍。但后来，为了养家糊口，他选择了自己并不喜爱的工作。等年龄慢慢变大，再重新学习更不是件容易的事情，所以就一直都没有提起。小段这时也才恍然大悟，怪不得丈夫平时经常买些医学方面的书看呢，她当时还不理解，还会嫌他浪费钱。那一瞬间，小段突然觉得对不起丈夫，是自己太疏忽他了。虽然成为医生并不是件容易的事，但是既然丈夫有这方面的梦想和追求，而且一直在这方面努力着，就应该给予支持。于是，她马上提出让丈夫干脆辞掉工作，出去系统地学习中医方面的理论。丈夫很感激妻子的理解与支持，学习起来当然是非常拼命的。他把别人需要五年学习的课程在三年的时间里全部学完，并且，因为他以前也经常琢磨这方面的内容，观摩医生的工作，因此，很轻松地就投入到其中的工作中，取得了很好的口碑。两人的生活也过得越来越滋润。

尊重男人的梦想和追求

美国人吉姆· 史都瓦著有一本书，名字叫《成功是一种态度》，书中有一段话，值得我们去深思：所有曾经存在于我们心中的想法，就像种子，若我们愿意浇水、施肥、培育它们，它们就会日渐茁壮、成长，落实在我们真实的生活中。其实，每个人都有自己的梦想，尽管有的梦想看起来比较务实，似乎可以很快地实现，而有的梦想比较高远，实现的机会也许渺茫。但只要有梦想，就应该受到别人的尊重。

如果当时马云创业时，得到的全是讽刺和挖苦，那他取得的成绩便是对那些不理解的人最大的讥讽；当莱特兄弟梦想飞上天时，一定有许多人用异样的甚至嘲笑的眼光看他们，但他们俩的成功成就了人类飞上天的梦想；当比尔· 盖茨放弃哈佛学业揣着一个梦想准备软件开发时，一定有许多人投去异样的眼光，但谁会想到一个微软帝国就这样产生了！

梦想是动力的源泉，是一个人飞翔的翅膀。因此，无论如何我们都要记住：当另一半向我们说出自己的梦想和追求时，千万要尊重他们的选择。一旦他把握住生活的方向，他就会用加倍的热情去工作、学习，就会变得精神百倍，乐观地面对人生。也许他会在追逐梦想的过程中，遭遇种种意想不到的挫折和打击，这时的我们一定要用积极、乐观的心态面对。毕竟有梦想并且为之实现而努力的人是有追求的，是令人敬佩的。

石块下的小草，有着追求阳光的梦想；石崖上的小树，有着渴望生存的梦想。当我们看到它们柔弱的身姿骄傲地沐浴在阳光中，摇曳在晨风里，我们怎能不为之鼓掌，为之喝彩？

帮助男人实现梦想和追求

当我们清楚地了解了他的梦想与追求，是不是应该努力和他一起去实现呢？其实在这样的过程中，不只是融洽了夫妻感情，也锻炼了自己的能力。

香港富商李嘉诚与夫人庄月明的故事，便形象地说明了这一点：1943 年冬天，李云经病重，他把李嘉诚叫到床前，轻声告诫道："求人不如求己。吃得苦中苦，方为人上人。失意时莫灰心，得意时莫忘形。"15 岁的李嘉诚坚定地点了点头，李云经才放心地闭上了眼睛。父亲去世了，李嘉诚自觉长大了许多，他明白，从此以后他要挑起全家的生活重担了。尽管舅舅表示要资助李家，但倔强的李嘉诚仍然决定中止学业，打工挣钱。而此时，庄月明走的却是完全不同的另一条路。她以优异成绩从英华女子中学毕业后，进入香港大学，后来又留学于日本明治大学。她的生活之路充满阳光和鲜花。但难得的是，她从来没有嫌弃过表哥。而且，她与李嘉诚两小无猜的纯真感情随着年龄的增长转变为热烈的爱情。她一直牵挂着在香港拼搏的表哥。李嘉诚踏上谋生之路后，不管是当茶楼的堂倌，还是当钟表公司的学徒，月明对李嘉诚都是一往情深，她在精神上对李嘉诚的慰藉和支持，鼓舞着李嘉诚战胜了一个又一个困难。后来，经过不懈的努力，李嘉诚的事业终于走向辉煌。转眼到了 1963 年，李嘉诚已经 35 岁，月明也已经 31 岁，他们对爱情的执着和真诚终于感动了庄静庵夫妇，同时李嘉诚在商业上创造的奇迹也越来越让庄静庵感到惊奇，他们终于同意两个人结婚。在一片祝福声中，李嘉诚牵着庄月明的手，幸福地踏上了红地毯。而婚后，庄月明加入长江工业公司，她流利的英语和日语、谦和勤勉的作风，深得同事的尊敬。1964 年 8 月和 1966 年 11 月，李泽钜和李泽楷兄弟相继出生，庄月明渐渐退居幕后，相夫教子，孝敬家婆。在她的悉心教导下，李泽钜、李泽楷兄弟均勤奋学习，先后赴美国大学深造。1972 年 11 月，“长江实业”上市，这是李嘉诚事业上的重大转折点。庄月明出任执行董事，是公司决策层的核心人物之一，李嘉诚不少石破天惊的决策，均蕴含了庄月明的智慧和心血。但庄月明在公众面前始终保持低调，她很少露面，也不接受记者采访。所以人们在谈论李嘉诚的“超人”业绩时，很少会提到庄月明。因为庄月明一生别无所求，丈夫事业成功就是她最大的心愿。庄月明去世后，李嘉诚一直独身，也许这份相濡以沫的感情早已深入他的心中，是别人永远无法替代的。

鲁迅说：“人生最苦痛的是梦醒了无路可走。做梦的人是幸福的；倘没有看出可以走的路，最要紧的是不要去惊醒他。”了解并尊重，甚至努力帮他实现自己的梦想和追求，是婚姻生活的助推器，在让平淡的生活变得更加丰富多彩的同时，也为自己增添了不少生活的乐趣。

包容男人的沉默无言

虽然言语的波浪永远在我们上面喧哗，而我们的深处却永远是沉默的。

——纪伯伦

踏进婚姻的门槛，越来越多的女人，经常会搞不明白，那个在热恋阶段侃侃而谈的男人，怎么现在变得如此冷漠，甚至都不愿多说一句话。很多女人在面对突然沉默不语的老公时，往往会失去冷静，或是胡思乱想，妄加揣测，或是大喊大叫，纠缠不休，抑或是横眉冷对，陷入冷战。可你有没有反思过，是什么让他渐渐变成了“闷罐子”？要想弄清这个问题，我们必须从以下几个方面着手。

了解男人沉默的原因

不知你没有遇到过这样的情况：他在外面谈笑风生、口若悬河，一回家，却再也不肯说一句话，仿佛你不存在一般；他下班回家，你热情地跟他说话，他却不愿搭理，好像你得罪了他一般；有时候，他总是对你耷拉着个脸，但你问他到底怎么了时，他却沉默不语，似乎是在对你生气，却不让你知道原因；你们两个吵架，无论你如何暴跳如雷，他就是不愿和你解释一句，仿佛他与你根本无话可谈。

英国社会学家马克经过调查发现：男人每天的说话量，是女人的一半。女人从幼年时期的语言表达能力就比男人强很多，因此，即便是成人后，很多女人喜欢通过话语权来建立并巩固关系。尤其在家里，女人更喜欢通过不断地说话来显示自己的地位，或是表达对男人的关心。可这样的表现却让男人受不了。男人在外面的压力已经很大，领导的训斥，同事的挤兑，已经让男人感到身心疲惫，因此，他更需要一个安静的家庭环境。女人无休止的诉说往往会让男人感到难以适应。于是，许多男人会习惯性地选择沉默，一方面是想用沉默来表明自己已经很累，不想再说话了；另一方面也是想以此提醒女人停止唠叨，还他一个清静点的空间。

同时，我们都知道，女人在受伤时，可以用眼泪来表达自己的委屈和不满，可男人如果动辄流泪，就会被认为没有骨气，让人耻笑，因此，男人更喜欢用沉默来擦拭自己的伤口，让受伤的心灵自我修复。其实，很多时候，那也是对女人一种爱的表现。当女人喋喋不休地数落男人的毛病，或是故意要挑起事端和男人争吵时，男人的沉默不是一种很好的挡箭牌吗？这样既避免了无休止的争吵，也防止会出现更糟糕的、难以控制的局面。

而且，你知道吗？沉默的时间是男人成长的最好时机。也许你常常会发现你的另一半会独自坐在那里闷半天，总是若有所思的样子。这时的他很有可能是在想着下一步的行动计划。说不定他正在酝酿着什么样的宏伟蓝图，或在思考某些稀奇古怪的问题，或是突然对某些事情有了灵感。这时的他也许会对以后的规划更清晰，更明白自己未来发展的方向。因此，这时的沉默确实是比金子还珍贵。

与此同时，你可能不了解，男人的世界里充满竞争，这就要求距离、假面具和算计。男人的生存面临着女人无法想象的残酷挑战，所以一个男人更喜欢在没有确定的安全感时，保持沉默。

从上面这些分析来看，男人的沉默并不是像我们平常所想的那样不可理喻，在很多时候反而是因为我们的不理解和过多干预而使得他们更加无语。所以，不管什么时候，都要努力保持一颗平和的心态，认真探究其中存在的问题，不断寻找出现问题的深层次原因，才能更好地解决困惑，为幸福的婚姻生活铺下更平坦的道路。

选择适当的方法对待男人的沉默

女人，尤其是婚后的女人，一般会很难容忍男人长时间的沉默。因此，打破男人沉默的往往都是女人，但其实她们不明白男人的沉默大多就是因为她们。但亲爱的朋友们，这种情况没必要太担心，因为男人在家庭生活中，表现出沉默无言的状态，再正常不过了。但如果你能解析他沉默的原因，读懂他的心灵密码，并且掌握聪明的沟通技巧，那就会在巧妙地打破这种尴尬的状况的同时，取得意想不到的效果。

当他疲倦或受伤时，请选择沉默。男人，更喜欢独自面对工作和生活中遇到的困难，因为他们总觉得把工作中的麻烦告诉女人，无益于问题的解决，也显示出自己的无能。即便有的男人会愿意和老婆倾诉，但当他在外面已经累了一天，心绪烦乱时，他也无法表达清楚自己的思想，因此就干脆不说了。由此看来，沉默无关乎爱情。如果在这个时候，你非要紧紧追问他到底怎么了，他不仅不会感觉到你的关心，反而会有些许的反感。因此，在这种情形下，妻子最好是少说话，多观察，默默地为他递上一杯饮料或茶水，悄悄地送上一双温暖的拖鞋，或是帮他揉揉已经酸疼的肩膀。等他紧张而疲倦的状态有所恢复，再进行沟通，就会容易多了，而你对他的一片深情也在这些无言的交流中让他感受更深切。

当他需要私人的空间和时间时，请选择沉默。很多时候，结婚后的女人更喜欢唠唠叨叨地说个没完，东家长西家短，都希望跟老公分享一下。但其实不管是男人还是女人，都需要有自己的时间和空间。人们常说，婚姻生活就像抓在手里的沙子一样，手的力气越大，沙子掉得越快。如果一个女人总是希望把自己的老公紧紧地攥在手里，觉得两个人之间应该知无不言，言无不尽，那她可能很快就会发现：手上剩下的沙子已经寥寥可数了。其实，在婚姻生活中，保持适当的各自空间更加有利于感情的长久。男人沉默的时候，往往就是他们思考问题的时候，这个时候的他们更需要的就是独处。那么请在这个时候，给他一个私人的时间和空间，让他保持沉默。

当你无法猜透他的心思时，请包容他的沉默。有些在外面侃侃而谈的男人回到家里却不愿多说一句话，其实，这种现象，不只是发生在男人身上，很多女人也存在这种情况。有些秘密，我们宁愿不说，怕引起一些不必要的麻烦。因此，即便有些事情你很想知道，但既然是他心底的秘密，不说也就罢了，很多已经是陈年旧事，并不会影响到以后的生活。就算通过追问，知道了答案，也没有多少意义可言。

努力让自己的世界更精彩

很多女人一进入婚姻生活，就会迷失自我，把全部的身心交给对方和家庭，自己的世界就会变得只有对方的身影那么大。殊不知这样的变化不仅让自己变得鼠目寸光，也会给对方带来很大的压力。大量的真实例子都证明了一个事实，经常窝在家里，以老公为中心的女人，更容易因为男人的沉默而受伤。因为世上本无事，庸人自扰之。困顿的心灵更需要找一个倾诉的对象，而当这个对象不能满足自己的要求，或是没有做出回应时，她便感到自己受伤了。而那个让你受伤的人却浑然不觉，不知哪儿出现了问题。因此，不论何时，都需要寻找一些让自己感兴趣的事情去做。比如，坚持做好自己的事业，学一些可以让自己生活更丰富的技能，多结交一些可以谈得来的朋友，等等。

当你学会了以智者之心，去接纳男人，去包容男人的沉默无言时；当你学会了如何应对男人的沉默无言时；当你学会了让自己走出爱的樊篱，让自己的生活更精彩时，你会不再把沉默当成婚姻生活的敌人，反而会从中得到无限乐趣。愿天下所有的女人，都能学会聪明地应对男人的沉默！

吵架要吵个明白，事情要说个清楚

互相研究了三周，相爱了三个月，吵架了三年，彼此忍耐了三十年——然后，轮到孩子们来重复同样的事。这叫做结婚。

——泰恩

在中国的传统观念中，我们总会把一辈子没红过脸的老夫老妻当成是学习的楷模，可这样的事情往往难以发生在自己身上。于是，很多女性就越来越困惑，这到底是怎么回事呢？这样的夫妻真的存在吗？其实，我们首先要明白，看似相敬如宾的夫妻也不见得就一定能一起走到最后，反而是那些偶尔会吵吵闹闹的夫妻能生活得更美满。这样看来，一辈子不吵架是不可能的事。但怎样才能让吵架不伤害感情，还能成为婚姻的润滑剂，推动婚姻向更为和谐的方向发展呢？真正的区别就在于，你是否把握了吵架的艺术。吵架也需要艺术？回答是肯定的。

不回避问题，不扩大范围

现实生活中，不少男女之间因为一些琐碎的小事而争吵，因为越吵越激动，往往口不择言，把双方都伤害得遍体鳞伤。可吵架到底是为了什么，却难以回忆得起，事后想起，可能自己都觉得可笑。从“今天你做的菜为什么那么咸”、“刚擦的地怎么又被你弄脏了”到“家里的钱怎么少了”、“孩子的学习你管不管”等都会引发不断的争吵。而正如上海心理咨询协会会长王裕如所说：“吵架其实是人与人之间交往、相处、沟通的一种方式。”吵架不仅能让对方听到真心话，而且有利于负面情绪的宣泄。但这种争吵是建立在良性争吵的基础上的，即每次都是为了不同的事情争吵，争吵时不回避问题，不扩大范围。

说到不回避问题，下面的两个案例可以提供一点借鉴。比如，如果是因为饭菜的咸淡等问题争吵，这是完全可以一次解决的。当有一方提出时，就没有必要据理力争了，毕竟各自的口味不一致是很正常的事情，关键是哪种口味会更利于身体的健康，便努力遵循哪一种就可以了。如果是因为长相等问题，提出问题的一方显然是很不冷静的，这时的另一方，就应该冷静地表明自己的态度：“我知道我的确是这样子。但这就是我，我就是这样子。谈论这个问题对我们并不会有帮助。”

而说到不扩大范围，也就是不要翻旧账，要就事论事，把今天提到的问题解决好。在争吵的过程中，难免会言辞激烈。这倒并不是问题的关键，主要问题是有些女性总喜欢把一些早已尘封的往事拿出来，作为自己打败对方的把柄，不断地刺激早已摇摇欲坠的婚姻。在争吵的过程中，千万不要一直挖过去的旧账，这不但无助于把本次所发生的事情解决，还会激起对方更加反感的情绪。我们更应该想一想，今天争吵的原因是什么？为什么会出现这样的情况？如果以后遇到类似的情况，应该怎么解决？当我们能够针对当前的事情说出自己的想法时，心中的怒火一般也就没有那么大了，双方也就更有可能坐下来平静地处理所遇到的难题。

要明白对方的需求

曾经看过这样一个故事，感触颇深：以前，她很羡慕她的一位朋友，夫妻恩爱，从不吵架。而她与丈夫则是三天两头地吵架，两口子一吵架她就去找朋友倾诉。然而，前不久她再去找朋友时，却大吃一惊，她的朋友离婚了。看来，有些时候，夫妻之间不吵架不一定是好事，但一定要会吵。因为两个人吵架，肯定不是为了吵架而吵架，那么就要弄清吵架的根源，这往往是由于两人的需求不同造成的。所以，在吵架时，要弄清对方的想法，也要清晰地表达自己的想法。比如，当老公说："我觉得你真的很自私。"我们一般会急着反击："那你呢？你能好到哪里去？"其实，这时我们更应该静下心来，问一下对方有此想法的理由是什么："为什么我会让你这么认为，是我做了什么事情才这样的吗？"这时的双方就进入到探讨的阶段，两个人也就能更好地冷静下来，共同面对所处的困境。假设真是自己存在问题，这时，我们就要问对方："你觉得我要怎么做才能让你更满意呢？"这样的处理很明显会淡化矛盾，让争吵走向终结，而且以后也不会再重复这样的情景。

可许多人吵架吵了半天，结果双方根本弄不清楚对方要的是什么。在这种情况下，运用更加具体的描述就是很重要的。比如，当对方认为你每次都不会在意他的感受时，你可以问他，我需要怎么做，你觉得更合适呢？如果他说，我希望你能多给我一些空间和时间，那么你可以继续询问具体的要求是什么。千万不要觉得提出这些问题很可笑，其实，许多人吵来吵去都是围绕这么几个说不清道不明的问题。

有些事最好不要做

争吵容易让人失去理智，有些话就容易脱口而出，不仅伤人，也会伤己。在争吵中有四类话绝对不能说。一是否定对方角色的话，比如"我以前男朋友比你强多了”、“你看单位里别人老公都比你对老婆好”。这很可能伤害了他的自尊，让他对你心存芥蒂。二是否定对方价值的话，比如“你干家务不行，干工作也不行，你能干什么啊”。这会让他也看不起自己，甚至自暴自弃。孩子是夸出来的，其实老公很多时候也是夸出来的。三是因为一件事否定所有事的话。比如一次没有把地拖干净，就指责对方“从来没拖干净过”。这可能直接导致他以后再也不干了。四是不行就离婚的话，比如“过不下去别过了，离婚得了”。离婚这个词经常挂在嘴上，最后的结果也很可能就是离婚。因为你总给他这样一个观念，那就是我们根本没法在一起了，只能分开。

不要以冷战或指责结束争吵。不要总是指责对方，比如“家长会你也不去，孩子也不管，你配做爸爸吗”，或者干脆冷战，都会让争吵陷入僵局。这样的处理方式不会让矛盾得到解决，不如针对争吵的事情，提出具体的要求，比如“你能不能每晚用半个小时的时间陪孩子做做功课”。这样就可以让对方知道他在将来应该怎么做，才有助于问题的解决。

最好不要只是哭。女人总觉得在吵架时自己是比较弱的一方，因此，吵架的结局也往往是以哭泣结束。但吵架并不是纯粹的情绪宣泄，哭有时会让男人心软，却不会真正地解决问题。当争吵逐渐激烈，自己就要无法忍受时，可以暂时离开“现场”，比如上个厕所、去厨房洗碗、收拾收拾屋子，给彼此一个冷静的机会。等情绪好转一些之后，再理清思路，回去把需要说明的问题说清楚就可以了。

不要把吵架的怨气带到夫妻生活中。人们常说：夫妻之间，床头吵架床尾和。也就是告诉人们，即便是夫妻两个吵架了，也不要总是耿耿于怀，始终不给对方一个台阶下。当你放下心中的怨气，重新接纳对方的时候，一切就已经开始朝着好的方向发展了。

实际上，吵架并不可怕，关键是能从吵架中悟出一些生活的道理，解决一些现实中存在的问题。当我们正确地看待吵架这件事情，学会一些正确处理吵架争端的方法，夫妻间的吵吵闹闹才会让我们的生活更幸福。

别把所有的问题都归咎于男人

结婚前眼睛要睁圆，结婚后眼睛要半睁。

——富兰克林

美国某婚姻研究机构调查发现，在影响婚姻幸福的十大杀手中，位居首位的就是对对方不切实际的挑剔和指责。就像有的老公说的一句话：在家中得不到的就想在外面寻找满足自己。因为他们在别的女人那里更容易找到被尊重和崇拜的感觉。那么，怎样才能更好地维护这份来之不易的感情呢？那就是不要把所有的问题都归咎于男人，而是要学会用欣赏的眼光看待对方。当你真诚地感谢和表扬丈夫时，他回报给你的将是更多的关爱和体贴。

尽量少用指责的语气批评他

婚姻生活大多时候是平淡的，因此更需要艺术，需要彼此更多的理解和信任。人们都说，多年的夫妻就像左手拉右手，也许没有了多少激情，但却多了几许协调和默契。而在婚姻中的两个人就像两只相互依偎的刺猬，既想紧紧靠近对方，又十分害怕对方身上的刺扎到自己。事业成功的老公，即便已经在外面收获了太多的尊重和赞美，但他最想得到的，却是来自妻子的爱慕与崇拜。但作为一名家庭妇女，我们却更喜欢用指责来发泄自己的不满和满腹的牢骚。因为妻子不恰当的指责经常会伤害了男人的自尊心，他们为了躲避妻子的唠叨，避免出现争执的后果，常常会选择离家外出或是冷战，而这些都不利于问题的解决，还会加深夫妻间的矛盾。由于男女之间处理问题的方式不同，就会形成女人越指责男人越逃避的现象。

有的妻子美其名曰“为了让老公变得更好”，而把丈夫当成孩子般管教，而丈夫则会觉得自己在家庭中的地位与形象受到挫伤因而选择逃避。曾看到有位女士这样写过自己的情感故事，就很好地诠释了这个道理：

踏入婚姻的殿堂，曾经的激情会在柴米油盐中慢慢消退，原来理想的伴侣身上你能搜索出无数处让你难以接受的毛病，让你难以容忍。比如，马上就要开饭了他还沉浸在他的球赛中，再三催促他还是无动于衷；进门不换鞋、不换衣服就往被窝里钻；无原则地溺爱孩子；等等。这一系列的行为，越来越考验着女人的承受力，让她们心生不满，逐渐演变成抱怨和无奈的指责。

有个朋友为了孩子转学的事奔波了好长时间，刚刚落定，第二天早上本来丈夫要送孩子去办理转学手续，可是他却满柜子地找衣服，好长时间都搞不定，这就让着急的妻子有点不耐烦了，她开始大声地指责：“瞧瞧你，昨晚一直在玩电脑，让你把第二天准备的东西都准备好，你说没问题，现在连件衣服都找不到，一会儿迟到了，孩子的事泡汤了看你怎么办，你到底还像不像一个做爸爸的，真是不可理喻！”

“我就是不可理喻，你看谁优秀你跟谁去过！”说着，他把门“叭”地一拉，走了！

直到晚上他都没有回家，妻子打他电话他也不接，直到凌晨的时候发来短信说：心烦，住单位了。

看完短信她的心都凉去了一大截，心里对于这样的婚姻升起无助和无奈的悲凉。

第二天就要去给孩子办报到了，打他电话不接，发短信不回，焦急的她只好求助于自己的好朋友小慧帮忙。

在小慧的帮助下孩子的事总算办好了，可是她心里对婚姻却感到了前所未有的失望，跟好友小慧说起这些事的时候，她已经泪流满面了。听完诉说，小慧叹气说，你呀，根本就不知道婚姻是经营出来的，光是靠指责，能解决问题吗？要我说，在这件事上，你有错。本来一大早时间紧，他又要去办重要的事，他心里也急，你不但不帮忙，还在一旁唠唠叨叨抱怨指责个没完，换是谁能不有情绪吗？

“但是，他是非不明，把握不住事情的轻重缓急，这就是他不对嘛，他不该……”小慧微微一笑说，“瞧，你又开始指责了，你一直用指责的办法对待他都无济于事，何不换个方式，改变一下策略呢？夫妻相处一定得讲究方法。”

你看，她的朋友非常正确地指出了她存在的问题：指责太多导致了丈夫的反感。

学会用欣赏的眼光看待他

人们都说：金无足赤，人无完人。对一个和我们要相处几十年的人，更不应该经常用指责来对待他。聪明的女人，很多时候会用欣赏的眼光看待他，用表扬来代替指责和抱怨。

就像上面故事中所讲的，指责不但没有达到预定的目的，反而让夫妻关系濒临崩溃的边缘。当然，可喜的是，这个故事并没有就此结束。在听到小慧的建议后，她陷入了沉思："是啊，多年以来，只要看到他的不是，第一反应就是粗鲁地指责，指责他不动脑筋，指责他不该这样，不该那样，全然不顾他的感受。而对于我的指责，他有时候会选择沉默，有时候也表示要改，但更多的时候，则表现出强烈的厌恶，因此也常常争吵不断。可是吵完了，他依旧如常。而这一次，竟然在孩子上学的节骨眼上争吵，差点耽误了孩子的上学问题。没错，我长期以来对他的指责并没有改变他，相反却使婚姻走到了崩溃的边缘。"

因此，摒弃指责，别把所有的问题都归咎到男人身上。与他相处，要顾及对方的心理承受力，学会用委婉平和的真诚态度与他交流，而不是靠粗鲁的施压，指责怒骂。耐心地与他沟通，让彼此顺心，让感情递增，相互的理解和欣赏才能让爱的方程式呈几何数递增，让爱情回归幸福的轨道。

其实，生活在同一个屋檐下，长期的相处过程中，有矛盾是很正常的。每个人的生活方式不同，有争执也是正常的。关键是不要把你的观念强加在别人身上。学会用欣赏的眼光看待他，他就会有一个质的转变。

不要过分追求完美

女人总希望自己的另一半能够做自己肚子里的蛔虫，不用讲话就能明白自己心中的所思所想，完全按照自己的要求做好每一件事情，但这是不切合实际的。而真正的现实是，女人越指责，男人越糟糕。没有哪一个人是不喜欢被崇拜和恭维的，但现实生活中，我们更喜欢表达自己的不满，把出现问题的原因归咎于别人。而在婚姻中，每天都是油盐酱醋，还有老人与孩子，诸多的困难让自己没有说好话的闲情，更多的是指责和抱怨。其实，男人比女人更需要别人，尤其是自己家人的尊重和欣赏。很多成功的男人无论在外面怎样的风光，都无法冷静面对回到家后妻子的抱怨和指责，而出轨、外遇等问题也可以从中找到一些端倪。

有一个女人，才智与美貌并重。而她的丈夫才华横溢，颇得领导赏识。某天，一个同学偶尔在街上遇见她，见她依然有着高贵、优雅的气质，同学不禁和她开玩笑说："看来生活不是一般的幸福呀！"可她只是淡淡一笑，平静之中似乎有些忧伤，她说："幸不幸福只有自己知道呀。""难道你的婚姻还不算幸福？"同学满腹狐疑地反问。

此时的她禁不住把话匣子打开了，开始历数丈夫的种种陋习：喝酒、抽烟、应酬多、早出晚归……沉默了半晌，同学问她："你爱你的丈夫吗？"她不假思索地说："当然爱！"然后，同学笑着对她说："其实你的婚姻已经很幸福了，只不过你的眼里总有几粒沙子而已。"

人们都说，情人的眼里容不下一粒沙子。但在婚姻生活中，完美只是一种理想状态，因为世上的任何事物都不可能没有瑕疵。

在日常生活中，我们何不用欣赏代替指责，用赞美代替批评呢？如果他能经常听到你真诚的赞美，他的自尊心和自信心就会不断增强，而彼此间的关系无疑也会变得更加融洽。

为他好，就不要试图改造他

大多数人想要改造这个世界，但却罕有人想改造自己。

很多女人都有一种奢望：把男人改造成自己理想的模样。但现实生活中，改造的结果又怎样呢？可以说事倍功半，甚至是弄巧成拙。女人们费尽心机、软硬兼施，却收效甚微，男人们依然故我，全没有把女人的想法放在心上，还嫌女人唠叨，烦人。如果闹僵了，还容易给男人出轨创造绝佳的机会。不可否认，每个人身上都有缺点，想去改造对方也在情理之中，但心态很关键。

男人是不可改造的

在日常生活中，我们经常会听到女人抱怨说："我的丈夫喝酒、抽烟、打牌，五毒俱全，不讲卫生、不洗衣服、不收拾家，毛病不少。几年来我一直在努力改造他，想让他变得更让人喜欢一点，可没想到他不但拒绝改造，还经常跟我怄气。其实我就是希望他上进，将来能更有出息。"可另一边，她的丈夫却无奈地说："改造我有那么容易吗？我已经无法改变了，她要再这样下去，我就难以忍受了。"两种截然不同的说法，反映出两种天壤之别的思想。

人们都说：江山易改，本性难移。过去多少年形成的习惯和个性，怎么可能轻易地改掉，况且，很多的习惯形成的时候容易，改变时就难得多了。有办法的女人不是去改造男人，而是在共同点上寻求生活的快乐。因为改造往往会导致感情的破裂。

很多女人都觉得希拉里·克林顿是个有能力的女人，是她一手擎起了克林顿的政治天空。可是她的结局却并不为我们所羡慕。尽管她的打造让自己很满意，但她也因此差点失去最得意的成果——她的丈夫。据说，后来希拉里在一次女性组织的演讲中大发感慨：千万不要试图去改造男人，改造的结果就是像自己这样——男人不但不领情，反而觉得这一切都是他自己努力的结果！

而另一方面，我们换位思考一下，男人真的有你所说的那么多毛病吗？也许正如有人所说：就算男人改掉了1000个毛病，女人也还是能找出第1001个缺点。如果真的是这样，那改造男人岂不是女人在自娱自乐、自我陶醉吗？

有人说：爱情是一件易碎品，就像一只瓷瓶，瓷瓶上有一块疙瘩，你看着不舒服想把它打磨平整，本意无疑是好的，但很可能却是另一种结局：疙瘩没有打平，瓷瓶先碎了。现在的离婚率居高难下，其实很多时候就是因为一方总想改造另一方，让别人适应自己的生活方式。曾看到这样一对夫妻：丈夫特别喜欢养花，总是买来各种各样的花放在阳台上，而妻子觉得这些花影响了她晾晒衣服，而这些东西也没有一点用处，于是经常偷偷地把丈夫的花拿出去送人。为此，两人不断地争吵。她要改造他，而他不接受她的改造，两人各不相让，矛盾不断升级，最后终于闹到不欢而散。

改造的结果是分手，这样的结果你愿意接受吗？

改造男人就等于伤害自己

改造一个男人不只是花费心血，还需要自己具备多项能力。而其实我们自己并不完美，却非要让男人变得完美，岂不是有些荒唐？这样看来，很多女人改造男人的想法完全是自己的一厢情愿，其实，改造男人的过程就是在不断地伤害自己。

网络上流传的林凤娇与成龙的故事，也许可以为此做一个注解：林凤娇当年拍完《小城故事》夺得金马奖后，和成龙闪电完婚。当时，很多朋友包括家人都劝林凤娇，说成龙这人什么都好，就是过不了美人关，做朋友可以，做丈夫就要三思了。可林凤娇觉得，成龙身边那些花蜂飞蝶不过图一时名利，她坚信，时间一久，加上自己的努力，他一定会成为理想的丈夫。

可二十多年过去了，现在的结果又怎样呢？成龙曾在电视节目中自曝，说一次晚上回家想给林凤娇一个惊喜，开了门一把抱起她就往卧室走，然后把娇妻往床上一丢——谁知他太久没回家，天天守空房的林凤娇闲得无聊，把床挪了个位，以前放床的地方放了个跑步机，贤惠的妻子发出了一声惨叫……听到这段轶事，女节目主持人干笑着说：你真坏哦！看得出来，作为女人，她为林凤娇心寒。

林凤娇慢慢知道了，自己分量不够。她换个法子，想利用儿子来争取丈夫。成龙从没接送过儿子上下课，在林凤娇的劝说下，他大发慈悲，特意从香港飞到美国来完成儿子的夙愿。那天下午，儿子怎么也找不到来接他的爸爸，林凤娇赶紧给成龙打电话，问他在哪里等儿子，他说正在小学门口等。林凤娇垂泪叹了口气——儿子早已经读中学了。

当年成龙被林凤娇闹烦了，曾在律师楼写下文件：如果在外做对不起林凤娇的事，财产立即划给妻子一半。他解释说："给自己的脖子上套根绳子，提醒自己不要拿财产去玩火。”但这火还是着了。“小龙女事件”出来后，林凤娇恨不得马上去律师楼宣布文件生效，可看到电视上成龙哭丧的脸，她又心软了，改造的理想再一次燃起。

就这样，林凤娇“独守寒窑”二十年，直到1998年时才被成龙承认身份。出去吃饭时，成龙会指着她告诉记者：这就是我妻子，曾经和林青霞齐名的金马影后哦！此时，站在身后的林凤娇只有满脸的尴尬和辛酸。

看完这个故事，内心是不是有所触动？长达二十年的改造以失败告终，而在这些年里的辛酸只有林凤娇自己清楚。其实，他一直没有变，变化的是你自己。因为改造的失败，会让你觉得自己犯了个大错。而最终，你将不得不承认：你不是那个特殊的人，他没有因为爱你而改变自己，你也没有能力改变他。

改造不如认可

台湾的婚姻专家吴淡如说：当她想对丈夫提意见、想让丈夫为自己作些改变时，她会首先问问自己：如果这些问题出在自己身上，自己愿不愿意为对方作改变？这么一想，很多话就说不出口了，而对对方的包容之心又多了一些。

男人聚在一起时，会经常抱怨：怎么女人似乎都有强迫症，总试图改造我们？其实，每一个男人都是一个独一无二的个体。既然你已经选择了某个男人，就证明你已经接受了他。而当你试图去改造他的时候，他当然会觉得这是对他某个方面甚至是对他整个人的否定。所以，当他只是在生活中一些小问题上不能让你满意时，企图改造不如努力认可。

我们都是普通人，有些缺点是很正常的事情。即便是美国连任四届的罗斯福总统，都曾这样评价自己：“我没有任何专长，每一方面都属于中间水准。譬如体能方面，我跑得不快，游泳也勉强；骑马比较内行，但是赛马的技术却很差；我的视力很差，射击往往落空。因此，在体能方面，我只是泛泛之辈。在文艺方面亦是如此。我这一生虽然写过不少东西，但是每一篇文章都得涂涂改改，苦不堪言。”总统尚且如此，何况我们的另一半呢？聪明的女人懂得接受不能改变的，她们知道平凡的男人才是自己的，平凡的家庭才是幸福的。

所以，聪明的女人们，与其改造男人不如认可他们，因为他们二三十年间形成的习惯不会因为你的唠叨而有很大改变。我们所能改变的，是我们的心情和看问题的角度。

男女之间，给谎言留点余地

朋友再亲密，分寸不可差失，自以为熟，结果反生隔离。

——三毛

当你看到这样一条短信，不知你是不是也会和我一样哑然失笑：“做女人一定要经得起谎言，受得起敷衍，忍得住欺骗，忘得了诺言，放下一切，最后用笑来伪装掉下的眼泪，宁愿相信世界上有鬼也不要相信男人那张破嘴！要是男人说话会算话，老母猪也会上树。”我们都不是生活在套子里的人，因此，面对纷繁复杂的外部社会，面对女人喋喋不休的追问，谎言也就应运而生了。那么在面对男人撒谎的时候，我们应该持一种什么样的态度呢？

学会辨别谎言

在爱情的世界里，总有着说不尽的甜言蜜语。这些话有些真，有些假，但因为有些谎言比真话更动听，更能让人满足，所以有些时候，我们宁愿睁一只眼，闭一只眼地相信那些话都是真的。可在婚姻生活中，谎言却变成女人所不能容忍的恶劣行径，哪怕他只是为了让你开心，也会让女人产生些许的不安全感，女人们更希望：你我之间，不存在任何谎言。可这是不可能的事情！因为两个人的婚姻并不只是两个人的事情，还需要面对两个家庭和两个不同的社会群体。

这个世界上有从没说过谎话的人吗？回答一定是否定的。说谎被认为是不诚实的表现，可我们的生活中为什么总也离不开谎言呢？那是因为有的谎言伤人，有的谎言却怡人，人们离不开怡人的谎言。在复杂的两性关系中，谎言扮演着非常特殊的角色，可能让婚姻生活出现裂痕，最终分崩离析；也可能让婚姻生活锦上添花，越来越美满。这就需要我们会辨别谎言的类型。如果男人只是为了保护隐私、躲避麻烦，或是仅为维护虚荣心的话，我们就应该放他一马，毕竟如果他是为了这些原因撒谎的话，我们也有一部分的责任。如果男人是为了恶意欺骗、敷衍塞责并习以为常的话，我们就要做到心知肚明，避免出现不必要的麻烦了。

一是男人过去的隐私最好不要问。许多女人在认识现在的男人后，非常喜欢询问他以前的女友长相如何，性格如何，他是否还爱她等等奇怪的问题。而这些都是男人最不愿意面对的。不说吧，你会穷追不舍；实话实说吧，又会伤害到你，因此，说些谎话也就在所难免了。

二是有些你本知道答案的话问了也白问。经常会有些女性总喜欢追问老公自己最近是不是胖了等问题。其实，这些问题你不用问他也能知道答案，如果他说出实情，你又会不高兴，所以，你说他是不是会说谎话呢？

三是为了他的虚荣心，请不要过多追问。有些男人喜欢在老婆面前吹嘘自己以前如何如何优秀，曾经做过多少光辉的事迹等等，可能这些事情一眼就能被你识穿没有发生过，或是没有像他说的那样发生过。但为了保护他那点大男子主义的风度，还是不要过多追问了吧。

而如果是那些恶意欺骗之类的谎话，我们则要注意观察，也可以放他一马，以观后效，但尽量不要大吵大闹，或是动辄拿出来说一说，那样不但无助于事情的解决，还会带来一些不必要的麻烦，造成无法挽回的后果。

学会利用善意的谎言

既然谎言并不如我们想象般必须扼杀，那我们就可以让一些善意的谎言为自己所用。婚姻生活中更多的是柴米油盐的平淡，而善意的谎言往往可以给枯燥的生活增添一抹亮色。善意的谎言可以增添许多生活的乐趣，可以化解许多意想不到的尴尬，可以避免出现一些不必要的麻烦。

比如，妻子总喜欢问丈夫："我的衣服好看吗？"尽管丈夫有时并不喜欢，甚至觉得它与妻子不太"般配"，但为了让妻子高兴，丈夫依然会回答道："很漂亮，它仿佛是特意为你定做的。"妻子有时做的饭菜难以下咽，尽管丈夫硬着头皮品尝着，但他依然边吃边赞美"味道好极了"，并假装吃得津津有味。再比如，妻子问丈夫，"某某的太太既漂亮，又贤惠，还知书达理，你一定后悔娶了我吧？""怎么可能呢？如果我不喜欢你，还会娶你吗？再说，倘若你不漂亮，不正是说明我的眼光有问题吗？我非常相信自己的眼光。"有时，妻子会不断地询问丈夫是不是还没有忘记初恋情人："我觉得你的心里应该还有一个令你难以忘记的人，现在你是否还想着她呀？"而丈夫一般都会一口否定："我早就忘记她长得什么样子了，现在我的心里只有你。"其实，初恋情人怎么会那么轻易就忘记。但他明白，眼前的人才是最值得他珍惜的，所以，即便不能忘记，也一定不能承认。

心理学家洛巴托说："如果我们在一天当中总是说真话，那么就会感到自己反受其害，无法与人和睦相处。"而在夫妻相处的过程中，更需要的就是这种善意的谎言，它可以起到润滑剂的作用，磨合人与人之间的关系，让人们生活得更融洽。有时候，善意的谎言比说真话更能增进夫妻间的感情。

学会做到亲密有间

于丹在《<论语>心得》中讲了这样一个寓言故事，叫《豪猪的哲学》。有一群豪猪，身上长满尖利的刺，为了顺利地度过寒冷的冬天，大家要挤在一起相互取暖。但它们遇到一个棘手的问题，就是不知道应该保持一种什么样的距离才好。离得稍微远些，不能相互温暖，于是就往一起靠一靠；可一旦靠得太近了，尖利的刺又会扎伤彼此的身体，就又开始远离一段距离；离得远了，大家又觉得寒冷……就这样，经过很多次的尝试之后，豪猪们终于找到了一个最合适的距离，这样的距离既能不相互伤害，又能保持着群体的温度。这不禁让我们想到：很多时候我们更应该做到的是亲密有间。其实，我们在日常生活中也有类似的经验，如果两个朋友之间的关系过于亲密，就离反目成仇或是闹矛盾不远了。这是因为彼此忘了给对方留出一点私人的空间，这样反而更容易产生隔阂。

夫妻间又何尝不是如此？俄国作家契诃夫曾把妻子比作月亮，但不愿意妻子夜夜出现在他的夜空。生活中，我们常见热恋中的男女耳鬓厮磨，卿卿我我，形影不离。而夫妻之间，一方担心另一方出轨，就会想要不给对方任何自由空间。心想：这样看你怎么还能对我撒谎？可我们恰恰忘记了，如果他想要撒谎，或是他根本没把你的时时监控当回事，我们的步步紧逼之术又有什么用呢？

铁轨之间有距离，火车才能前进。汽车之间有距离，才能保持行车安全。冬天里的两只刺猬，因为找到了合适的距离才既能取暖，又不伤害对方。所以，亲密有间，是一种智慧，是在彼此的心中留一块净土，放松自己，宽恕别人；亲密有间，是一种豁达，是给彼此的生活增加一定的宽度，愉悦自己，快乐他人。没有心灵距离的爱，就失去了激情、美丽和魅力。

尽管我们要努力在婚姻中保持一颗真诚的心对待彼此，但并不表示生活中要摒弃所有的谎言。适度地说些善意的谎言，既能保持现有生活的温馨，还能增进彼此的感情，那又何必把它当作过街老鼠般对待呢？

学会示弱，该低头时就低头

聪明的女人会知道什么时候该坚强，什么时候该示弱。

有句话叫作：女人能顶半边天。而现在社会的女人，更喜欢充分展现自己的才华和能力，在工作上争强好胜，在家里也要做个主宰者。但遗憾的是，当你在所有的场合都要展现自己强势一面的时候，却不知道，婚姻的危机正在悄悄袭来。人有时候是应该学会"示弱"的，尤其是女人。因为巧妙地示弱既是一种智慧，也是一种能力，它会在你走投无路时给你留条路，会在生活向你关上大门的时候给你留扇窗。因此，我们在平常的生活中，要学会示弱，它能起到意想不到的效果。

示弱是家庭生活的必需品

著名小品、喜剧演员宋丹丹在做客杨澜主持的访谈节目《天下女人》时，曾谈到这样一件事：一次，宋丹丹要去外地演出，先生主动帮她打点行李。当先生提议用一只大箱子时，她非要用小的，并身体力行，证明自己是对的。可当她洋洋得意地向先生炫耀时，原先积极主动帮忙的先生却沉默不语了，当她一再询问原因时，先生忍无可忍地冲她说："你为什么要剥夺别人幸福的权利？"宋丹丹这才恍然大悟：先生在用行动表达对自己的爱意，而自己却因为逞强忽视了别人的感受。虽然如今女人在各个领域都表现得相当不俗，但事事逞强、处处好胜却未必是爱情的福音。一项调查显示，从不示弱的女性幸福指数最低。聪明的女人知道什么时候应该逞强、什么时候需要示弱，这才是爱的智慧。

也许你的事业做得比他大，也许你的社会职务比他高，也许你是家里经济收入的主力。于是，你觉得家里大大小小的决策都应该由你来做，因为你在任何方面都比他强。你每天不知疲倦地做着决定，颐指气使地指挥着他干这干那，因此，你认为你是家里的大功臣，你的地位也永远比他高。可你有没有想过：这些感觉纯粹是自己的一厢情愿。因为再平庸的男人也不喜欢女人对他们这样，在你所笼罩的范围内，他们感到无法呼吸，没有自由。因此，当你认为自己为了这个家操碎了心时，他根本就不领情。

不懂得示弱的女人活得很辛苦，因为她既要承受来自家庭外面的种种压力，回到家里，也还要扮演救世主的角色，帮家人安排生活中的一切，自己累，家人也累。既然如此，为什么在家庭中不放下架子，做一个懂得示弱的女人？尽管在外面你可以叱咤风云，可在家里，他希望你永远是那个他最钟爱的小鸟依人般的爱妻。

懂得示弱是一种智慧

有人说：在男人面前逞强，是一种错位，是一种愚蠢，是一种悲哀。因为女人只有懂得示弱了，才能为自己留出更多的时间和空间享受生活的乐趣，才能顺理成章地让男人为你撑起一片天空，才能更好地享受婚姻生活带来的甜蜜。但并不是所有的女人都会示弱，因为她们还没有真正理解，其实，懂得示弱是一种让婚姻幸福所必需的生活智慧。

曾在一篇文章中看到这样一个故事：小彤和她的老公是大学同学。在学校时，他们都是不起眼的人，老公长得很普通，也没有多少轰轰烈烈的事迹；小彤也是一个普普通通的女生。上学期间，他们之间并没有发生多少交集，彼此都过着平淡如水的生活。而毕业后，都在上海工作的他们在同学聚会上又见到了对方，于是，他们顺理成章地成为了恋人，并且很快就结婚。

小彤在一家私企做文秘，工资不高，工作也没什么前景。而她老公在一家旅游公司做业务员。两人贷款买了一处小房子，每月交着房贷，日子过得紧紧巴巴。可能是上海的快节奏和生活的压力激发了她的老公，很快他就做到了旅游团团长。他们的日子也一天天好起来。

但随着业务的增多，老公的应酬也多了，接触的人形形色色。而公司里导游小姐们个个美丽有气质，学历也不低。难道小彤不担心老公被外面的女人勾引吗？她当然担心。可是小彤没吵闹，也没跟踪查探，她从不翻看老公的手机，也不知道老公 QQ 的密码，只是在老公很晚也不回来时发条短信：你什么时候结束啊？我一个人不敢睡觉，害怕！不出半小时，老公就出现在她面前。久了，老公形成了习惯，不超过 12 点，肯定回家，因为他知道，没有他，小彤就不敢睡觉。

这只是小彤生活中的一件小事罢了。在许多时候，小彤都做出一副小女人的样子，在老公面前示弱，使老公觉得超有自尊，觉得自己在小彤心里多么重要。

从这个故事可以看出，一个小女人把示弱运用得淋漓尽致，不仅维护了家庭的和谐，还让老公更加爱她，爱他们幸福的小家。这难道不是一种生活的智慧吗？

学会示弱是一种能力

示弱，是一种经营人生的策略，需要一定的智慧和技巧。家不是个适合讲理的地方，对与错的界限十分模糊，如果一味地强调是非曲直，不仅解决不了问题，还会使争端升级，残局也就难以收拾。没有触及原则问题的争吵，不必针锋相对，也不必非要赢得最后的“胜利”。

燕和玲是同事，她俩的老公也是同事。可是，她们的幸福指数却大不相同。人们经常听到燕子抱怨自己的婚姻不幸福，但大家认为她老公看起来是个很不错的人，不笑不开口，所以大家都不相信他会是燕子口中那个懒惰、自私、不管孩子，不替别人着想的人。可是看着燕子整天憔悴不堪的样子，甚至说着说着眼泪就会流下来，每个人的心里都沉甸甸的，看得出，燕子的婚姻确实不幸福。

燕子一直就是个争强好胜的人，做事果断勇敢，无论有多累，家中的大事小事，事必躬亲。她说累的时候就有人劝她：让你老公也做点家务，总不能什么也不让他做吧？她说：老公开始的时候也做家务，但是他做的家务总不合自己的心意，他做了她再重新做一遍，还要生一肚子的气，还不如自己做呢！

而在大伙儿或多或少地抱怨自己的老公的时候，大家从未听玲抱怨过。经常见她带着幸福的笑表扬她老公：他都替我做好了。早晨我起床，他就已经把饭做好，包也给我整理好，下雨放上雨伞，晴天放上遮阳伞，我从来不操心，拿起来就走；我喜欢穿高跟鞋，即使出去玩也穿着，他就给我背着平底鞋。

女同事们一致要求玲给大家说说，她是怎么把老公训练得这么好的。玲慢悠悠地说：你们呀，就是太喜欢逞强了。把自己独立的人格看得太重，总以为多做家务，多付出是爱对方的表现，这样的结果往往就是把老公培养成懒惰、冷漠、不关心对方的人。天长日久你的付出成了顺理成章的事，假若有一天你没擦地板，老公就会生气，认为你没有做你应该做的事情，何苦呢？女人还是示弱一点的好。她微微一笑：还可以适当撒娇啊！

女人的幸福不一定是事事都要做主，样样都是行家里手，关键是有个人懂你，体贴你，而学会在婚姻中示弱，会更容易让你得到这样的幸福！

无关紧要的过错，可以不追究

一个伟大的人有两颗心：一颗心流血，一颗心宽容。

——纪伯伦

2007年11月20日是英国女王伊丽莎白二世与丈夫菲利普亲王的结婚60周年纪念日。这对王室“模范夫妻”的默契和恩爱令世人为之感叹和羡慕。而回顾60年的时光，菲利普亲王说，幸福婚姻的秘诀是宽容。宽容是在他有了一些无关紧要的过错时，不去追究；宽容是当你还想和他一起走下去的时候，原谅他一些无心犯下的错误；宽容也是当你因为一件事情很生气时，突然叹一口气说：谁让我那么爱他呢。

宽容别人就是善待自己

我们都说：情人眼里容不下一粒沙子。因为我们都希望在彼此的世界里，自己就是唯一，希望对方理解自己的每一句话，每一个动作；无论在何时，对方都能给自己无微不至的关怀和温暖；对方最好不犯错，是世界上那个最完美的男人。可我们也明白，这根本是不可能的。人无完人，更何况是在平淡而繁琐的婚姻生活中，任何一个细微的弱点也会被无限放大。这时，女人的大度与宽容，就会起到非常关键的作用，它会使已在崩溃边缘的婚姻起死回生，它会让久已困顿的夫妻感情重获生机。先来看个故事吧。

小玲和丈夫都在事业单位工作，但丈夫是一个很有抱负的人，为了实现自己的理想，给家人创造一个更好的环境，他开始下海创业，干起了养殖场。创业之初，异常艰辛，但丈夫都咬牙坚持了下来。小玲在心疼他的同时，也暗暗佩服丈夫的坚强和执著。工夫不负有心人。创业的第二年，养殖场就净赚了近10万元。虽然还有部分债务，但却让他们看到了希望。丈夫依然忙碌，小玲也总是尽量抽时间多关心他，一家三口互相理解、互相关爱，小玲的心里依然觉得很甜蜜，觉得再苦再累也值得。可随着养殖场的扩建丈夫的业务更忙了。风平浪静的生活过了一年多，养殖场效益越来越好。可当小玲再去看丈夫的时候，却发现丈夫再也不像以前那样健谈，而且总是推说业务忙，让她早点回家。女人的敏感让她感受到了丈夫非同寻常的变化。她私下里问在场里帮忙的小女孩，小女孩只是吞吞吐吐地说，嫂子，你看紧点吧。别的什么也不肯说了。而小玲也很快意识到，丈夫可能有了别的心思。尽管小玲没有过多地表露自己的疑惑，可有时也会旁敲侧击地问一些事情，而丈夫只是说自己工作忙。不久后的一天，秘密还是泄露了。因为女儿发烧，丈夫没有外出，可电话和短信却是一个接一个地打过来。最终，丈夫还是找了个借口出门了。但因为走得匆忙，其中的一部手机忘记拿了。其中的一条短信说："我肚子疼得要命，一个人正在医院里，医生说宫外孕，你到底有没有人性啊？打了那么多电话都不接！"事情已经确定无疑。可小玲在哭过之后，还是觉得应该理智地对待这件事情。当丈夫打电话回家问女儿的病情时，小玲忍住难过问他的朋友怎么样了，并把熬好的鸡汤送过去，说是让那个女人补补身子。

小玲始终没有揭穿他们的骗局，可丈夫出去的次数却越来越少。最终经受不住心里的压力，他向小玲坦白了事情的经过，并表示再也不会跟那个女人来往了。而小玲告诉丈夫随时给他机会，只是这机会需要他自己把握，因为自己的承受能力也是有一定限度的。后来，他们的婚姻生活又恢复了平静，一家人的生活又步入了正轨。

也许在很多人的眼里，小玲的宽容太不值得，可如果你还真的爱着那个男人，如果你依然很在意这个家庭，做出些让步却是维护家庭和谐所必需的。现在离异的夫妻越来越多，究其原因，多为一方有错，另一方却偏不肯放低姿态宽容对方。而小玲却很好地把握住了这一点，掌握了婚姻主动的先机，因为她明白，很多时候，放过他也是放过自己的唯一出路。

养成宽容待人的习惯

宽容是一种大度的表现，是一种智慧的体现。宽容也意味着一种对他人的容纳与尊重，它会让我们在生活中受益匪浅。因为学会宽容，心灵上就会获得宁静和安详；学会宽容，我们就能更加心胸开阔地生活。但学会宽容待人却是一项长期的系统工程，需要我们在遇到问题时首先要保持冷静的心态，仔细权衡容忍与否的利弊得失；其次还要有足够的耐心和勇气，敢于直面剖析内心给自己带来的痛苦与挣扎；最后还要有足以把问题处理妥帖的能力，懂得如何让事情消灭于无形之中。下面的这个故事也许可以给我们些许借鉴：

一位老妇人在她 50 周年金婚纪念日那天，在众人的追问下，向来宾们道出了她保持婚姻幸福的秘诀。她说："从结婚那天起，我就准备列出丈夫的 10 条缺点，为了我们婚姻幸福，我向自己承诺，每当他犯了错误中的任何一项的时候，我都可以原谅他。"有人问她，那 10 条缺点是什么呢？她回答说："老实告诉你们吧，50 年来，我始终没有把这 10 条缺点具体地列出来。每当我丈夫做错了事，让我气得直跳脚的时候，我马上提醒自己：算他运气好吧，他犯的是我可以原谅的那10条错误当中的一个。”

用宽容来经营自己的婚姻

虽说婚姻并不是严格意义上的事业，但却需要我们用一生来经营。因为对于每个女人来讲，婚姻都是生活幸福与否的关键所在。能否用自己的智慧和宽容让婚姻在正常的轨道上运行，并不是一朝一夕就可以做到的，这比经营事业费体力，更费心智。

乡村里有一对清贫的老夫妇，有一天他们想把家中唯一值点钱的一匹马拉到市场上换点更有用的东西。于是，老头牵着马去赶集，他先与人换得一头母牛，又用母牛换了一只羊，再用羊换来一只肥鹅，又把鹅换了只母鸡，最后用母鸡换了别人的一大袋烂苹果。而他每次交换的目的，都不过是想给老伴一个惊喜。当他扛着大袋子来到一家小酒店歇息时，遇上两个英国人，闲聊中他谈到了自己赶集的经过，两个英国人听得哈哈大笑，说他回去准得挨老婆一顿揍。老头坚称绝对不会，英国人就用一袋金币打赌，三人于是一起回到了老头的家中。老太婆见老头回来了，非常高兴，她兴奋地听着老头讲述赶集的经过。可令两个英国人惊奇的是，老太太并没有责怪老头一句话，而是赞同他的做法。因为她明白老头所有的做法都是为了讨她开心，因此，在她看来，损失一些钱财没有什么值得可惜的。结果，英国人输掉了一袋金币。

这对清贫的老夫妇，虽然生活很拮据，但收获的幸福却比那些富豪多得多。他们懂得互相体谅，相互宽容，因为在他们的心目中，对方才是最重要的。他们不在乎这件事情在别人心目中看起来是多么可笑，只要他们认为这是值得的，就足够了。

学会宽容，你就学会了如何从生活中发现人和事物的美好一面，进而更容易感受到生活的美好。就让我们以开阔的心胸，宽容的心态来面对生活中的坎坷和泥泞，让原本单调的生活散发出迷人的色彩吧！

和男人多沟通，而不是逼人太甚

如果你是对的，就要试着温和地、技巧地让对方同意你；如果你错了，就要迅速而热诚地承认。这要比为自己争辩有效和有趣得多。

——卡耐基

在步入婚姻“围城”前，所有的人都希望自己的婚姻幸福甜蜜，在婚后的日子里，可以有福同享，有难同当，哪怕是相隔千里，也有说不完的话、道不完的情。但事实却往往与之背道而驰，两个在婚姻中挣扎的人，即便是面对面，也经常是话不投机半句多，最后干脆懒得跟对方说上两句话。所以无论遇到什么样的问题，都需要两人做到相互很好的沟通，从而达成理解、宽容、信任，可以说良好的沟通是美满婚姻中必不可少的奠基石。

缺乏沟通是幸福生活的拦路虎

说到沟通，也许我们每个人都会认为这是一件很容易的事情，尤其是对于因为爱情才走到一起的两个人来说，总感觉会有很多话要说的爱人之间，肯定想象不到缺乏沟通会成为此后婚姻生活的隐形障碍。但一项调查显示，因缺乏沟通导致的离婚比例却居高不下。

小姗的丈夫在一家事业单位工作，而她则在一家效益不错的大企业上班，因为工作原因，小姗经常要上夜班。以前丈夫都是风雨无阻地接她上下班，但结婚后，因为要有一人照顾孩子，所以，现在她只能和同事结伴回家。这让她的心里多少有些不是滋味。而更让她有些难以接受的是，他和丈夫见面的机会越来越少了，因为经常是她要上班走了，丈夫才下班回来；她还没有下班，丈夫已经上班走了。偶尔两人一起在家的时候，也会因为工作都比较累，或是照看孩子而没有太多的交流。小姗很疼爱孩子，也在努力做一个贤妻良母，可比起婚前，他们之间的交流却越来越少，好像两个人总是在各忙各的。

每次丈夫想要和小姗聊点开心的话题时，小姗总是皱着眉头说，活还没干完呢，以后再说吧。就这样，结婚并没多长时间的小两口，共同语言却越来越少，甚至开始慢慢因为孩子的教育问题而争吵不断。渐渐地，家不再是温馨的港湾，丈夫也变得越来越冷淡。这让小姗很不明白，结婚之前亲密无间、无话不谈的他们现在到底是怎么了？

终于，就在小姗再次说出活还没干完的时候，她丈夫的怒火像火山一样爆发了。他说，既然无话可说，还不如离婚呢。离婚？这可是小姗从来没有想过的事情。她百思不得其解，她一直在为这个家努力，到底什么地方做错了呢？小姗的心中充满了委屈。

好在接下来小姗意识到了自己的问题，每天都尽量抽出些时间陪老公和孩子聊聊天，而正是这看似无关紧要的聊天却让这段危机重重的婚姻恢复了生机。

现代社会，生活节奏加快，夫妻之间常常因为工作的原因不在一地，或是工作时间不一致，这让本来就面对诸多压力的夫妻关系更是雪上加霜。再加上兴趣爱好、工作环境等的不同产生的隔阂，夫妻之间就很容易产生“无话可说”的情况。而越是不沟通，就越难找到共同话题，这样一个恶性循环的出现最终将会导致感情上出现裂缝，成为幸福生活的拦路虎。

别用沉默惩罚对方

“冷战”一词原来用于军事，现在却频繁地用于家事。夫妻之间因为一些家庭琐事产生矛盾之后，经常会有一方用沉默来对抗对另一方的不满，看似偃旗息鼓了，但真正的“暴风雨”却往往就积聚在这无言的后面。

小君和丈夫在大学里相识、相知，难得的是，小君在毕业后，放弃了回大城市工作的机会，跟随丈夫来到离家比较远的县城工作。丈夫为她所付出的一切所感动，结婚后，几乎把所有的家务都包了下来。幸福的生活就这样持续了一年多。后来，他们的儿子出生了，为这个小家庭增添了许多的乐趣。可因为工作原因，孩子需要由公婆来照看，这却成了以后家庭矛盾的导火索。因为在教育孩子上的观念不同，小君经常会给婆婆一些脸色看，这让丈夫觉得很尴尬，一方是自己的妻子，一方是自己的妈妈，他不知道到底应该劝谁。终于有一天，战争爆发了，婆婆因为小君的话而生气地回老家了。丈夫委婉地劝说小君别在这个问题上跟妈妈斗气了，可小君却依然不依不饶，并且开始跟丈夫冷战。本来开朗乐观的丈夫因为这件事情很长时间萎靡不振。这时，正好有一次外出学习的机会，丈夫毅然报名参加，出外学习去了。在丈夫不在家的日子里，小君才逐渐感受到自己的生活好像少了很多东西。她开始反思自己的所作所为，并主动向婆婆和丈夫道歉，才逐渐化解了他们之间的矛盾。

其实，在教育孩子的问题上，两代人之间意见不同是很正常的，但不能因此而迁怒于别人，并关闭沟通的闸门。这样不仅不会解决问题，还会激化矛盾。当你用沉默来拒绝对方的示意，意图通过这种方法压垮别人的意志，取得最终的胜利时，你正在走向另一个极端，让夫妻间的最后一点温情慢慢丧失。

学会沟通是美满婚姻的敲门砖

婚前总有千言万语难以聊完的两个人，怎么一旦步入婚姻的殿堂，空间的距离拉近了，心理上的距离却更远了呢？为什么本该有许多话题可以探讨的两个人，却如陌生人般，不愿与对方分享了呢？其实，这都是步入婚姻的夫妻之间的沟通存在问题所导致的。人与人之间最难相处的关系，也就是夫妻关系了。

结婚之后，夫妻之间的沟通也许会逐渐减少，更多的是柴米油盐，家长里短。尤其是孩子的出生，更是会让本已有些裂痕的家庭关系日趋紧张。这时，学会在婚姻生活中有效沟通的技巧成为婚后女人们的必修课。我们不妨从以下几个方面来尝试一下：

一是沟通的内容要明确、具体。既然想通过沟通解决问题，那在谈话之初就要明白自己这次沟通的内容。比如，如果你希望对方看电视时声音小一点，以免影响休息或是妨碍做作业，那就要告诉对方什么样的音量最合适。

二是沟通要注意语气，不能把沟通变成指责。一些妻子经常会用“你从来什么家务也不做”，“你总是和我大声喊叫”等言语来批评丈夫，这样的言辞不仅不会改变现状，还会引起丈夫的反感。最后，只会在到底有没有干活上争论不休，对以后会怎样没有任何改观。

三是挑选合适的时刻主动表露自己。女人喜欢让男人猜自己的所思所想，但在婚后的生活中，这样的猜测只会让彼此都感到疲惫。适时地让对方了解自己的心灵，主动表明自己的观点，才是夫妻生活中最需要做到的。

四是学会倾听，并不断鼓励和表扬对方。在夫妻关系中，妻子往往更偏重于表达，殊不知，学会倾听是沟通畅通与否的第一步。当与丈夫产生矛盾之后，积极地倾听他的想法会有助于缓和局势，解决问题。同时，还要学会多鼓励和表扬，少训斥和责备，这样会促使对方做得更好。

在感情的世界里，没有绝对的对与错，是与非，所以，千万不能用理性的眼光和视角来判断和分析问题。多了解、多倾听、多沟通，才会让矛盾消失于萌芽状态。学会沟通的技巧，并不断在生活中锻炼和使用，假以时日，夫妻之间的沟通必定会越来越顺畅，共同的话题也会越聊越多。也只有这样，夫妻之间才能更好地体会到婚姻的幸福、生活的甜蜜，共同打造美好的未来。

他的过去，不必揪着不放

男人经常希望自己是女人初恋的对象，女人则希望成为男人最后的罗曼史。

——王尔德

女人对男人的过去好奇几乎是一种天生俱来的，因为每一位前任都可以成为女人的假想敌。也许真的是爱到深处，眼里不揉沙子，莫名其妙的男人就成了无辜的替罪羊。但是，既然他放弃过去和你在一起，就说明他内心已经放下了。如果你还要揪着不放，那就只会让男人不知所措。

揪着过去不放，就不会有明天

过去的事永远成为过去。今天人们的观念，已变得非常开放，很多年轻人在进入婚姻前都有过结婚的经历。今天这个世界的文化告诉我们，一旦你结了婚，以前的事就会一笔勾销，一切都不会有问题。然而，要勾销往事绝不是简单的事。现实中，夫妻双方对另一半的过往都会非常在意，难以克制地想去了解他们曾经的经历，一旦知道了，那种记忆很可能是难以消除的。在我们的内心深处，与配偶的关系绝对是排他性的，所以一想到自己的另一半与别的异性有过性行为，就会难以避免地感到痛苦。

若桐在 29 岁的时候认识现在的老公，若桐感到很幸运遇见了他。他们在一起 5 年，结婚 3 年多，正准备要孩子，生活中从来都没有吵过架。

若桐的老公之前有过一次失败的婚姻，他说他跟他的前妻没有很深的感情，因为一些矛盾再加上感情不深，所以就离婚了。虽然若桐觉得他们的事不可能那么简单，总想去探个究竟。

若桐偷偷看老公的聊天记录和短信，有一次看到老公的联系人当中居然有前妻，于是她大吵一架，让老公当着她的面把前妻的电话、QQ 等联系方式都删掉了。事情并没有结束，若桐还是不放心，经常登录老公的微信和 QQ，有一次在她再次登上微信时，居然显示他的前妻主动要求加他。在若桐的愤怒面前，他表现得很无辜。

人的过去永远不会消除，有时候，你越在意它，它就越显现。而如果你去忽视它，它也就真的像没存在一样。其实男人已经忘了过去，如果你一遍又一遍地“提醒”，无异于加深他的记忆。接受他的过去，也接受他的现状。你说：“总要了解才能够接受吧？”而接受是：虽然不了解，也能够接受，接受我爱的人与我的差异。我们都要为爱情的现状负责。就跟腰围一样，无论美丑，这是我的，我负责。

是你的跑不了

在两性关系中，不必为发现自己男人一些过去的事情而一惊一乍，放轻松，是你的跑不了，不是你的求不到。更何况，局势很明显，你现在是他的女友，是他的妻子，你是“合法”的，你拥有他的现在和未来，就是你的胜利。

如果真的出现了老公的前任还对他“念念不忘”的情况，那么，也不要焦虑。他或许会有些动心，那也是因为男人对自己的初恋总是有怀恋之心的。而且男人喜欢“被需要”的感觉，这种感觉让他在精神上备受鼓舞。这也是为什么在很多两女争一男的故事里，男人会选择最需要他的那个，而他爱不爱却没那么有决定性。而女人需要做的可能是要让他知道，作为现任妻子的你，更需要丈夫。

而且绅士的男人一般都不会拒绝女人，更不会想去伤害她。所以当老公的前任找他帮忙时，他也不会拒绝。这时候，如果你认为是他们旧情复燃，可能会引起局势大乱。你只需要告诉他，让他要坦诚对待你。如果真的没有什么，那么他也不会对你隐瞒。如果你每次都一哭二闹三上吊，那他就什么都不敢告诉你了。

如果你们已经拥有幸福的婚姻，安定的生活，你的爱人很可能难免追忆一下似水年华里曾经的种种。我们可以理解成念念不忘，也可以理解成忆苦思甜。我想，每个男人心里差不多都住着一个永远的前任。或许，她只是恰巧比你早认识了这个男人，只是凭着运气好就可以轻而易举在你老公的心里扎根，像一根毒刺一样拔不去。但那又怎样呢？过去的永远都是过去了，你不能抹去她在他心中的记忆，她也不可能让时光倒流。

年少时，生活中任何事情让我们感到不满意的时候，我们可以随时撂挑子、耍性子。可是随着年龄的增长，时间的推移，我们会发现我们必须得接受一些事实。在这里，我们不接受，在别的地方我们终究要学会接受。每个人都有过去，你可以拒绝面对，却不可能抹掉。

你要做的就是好好处理自己的生活，关心自己的爱人，其余的人总会找到新的轨迹，你不用太操心。

坦白需要限度

熟悉港剧的朋友都不会忘记那句话，“你有权利保持沉默……”。连犯罪嫌疑人都有的待遇在爱情中却往往被剥夺。当女人知道认识他时，他已经经历了一次感情，她便开始比较，开始嫉妒，最终喋喋不休代替了谈情说爱，审问代替了关心。“快！坦白从宽，抗拒从严，赶快速速给我招来！！！”如果这样的刑讯逼供真的能让女人们感到踏实那也就罢了，可惜往往适得其反，有时知道得越多就越是一种不安与折磨。

此时的男人无辜中充满着迷茫，坦白的结果居然是变本加厉，闭嘴的后果是纠缠不休，到底何去何从？这时大多数男人恐怕都会暗自叫苦，她怎么变成这副样子？女人对此只有一种解读，原来他还是深爱着他的前女友，以至于那段回忆至今无法被触碰，哪怕他现在信誓旦旦地的说最爱的是我。

亲密关系并不是没有秘密的关系，据说大概有一半的男人和女人都承认他们在爱情中保有秘密。允许对方保有秘密是向对方表达信任和爱的重要方式，这点对于男人尤为重要，因为他们是需要领土和空间的动物。女人需要坦白，因为她们认为这是信任的基础，有足够多过去的参照她们才能确认自己是否在对方心中足够特别，足够重要，足够唯一。换句话说，女人对坦白的需求经常来自对自己的不确信。不过很可惜，这样的刑讯逼供往往带来的不是关系的增进而是冷战甚至疏远，还透露出苍白无力的抓狂。男人对女人苦苦逼问的解读就是“不近人情”、“控制欲过盛”、“神经过敏”，最终这样的态度让男人再也不愿意多分享一点，哪怕是跟前女友毫无关系的感受与情绪。好奇害死猫，作为女人不妨也学着放开些吧。

如果你要求男人可以坦白故事的脉络，也就算了，请不要逼他说太多细节，因为那些香艳的细节会像长了钉子一般牢牢地钉在对方的脑袋里，一旦情境重现就会如电影一般循环播放，想不看都不行。坦白过去是为了更好的现在与未来，否则那纯粹是残忍的诚实。所以最最重要的是通过坦诚地分享过去的情感历程，珍惜彼此，而这些才是一切审问背后最深的需要。

你的过去可以珍惜，但一定要放下

一切都是暂时的，一切都会消逝。一切逝去的，都会变成美好的回忆。

——普希金

有一首歌曲的歌词不知你是否还记得：一段感情就此结束，一颗心眼看要荒芜；我们的爱若是错误，愿你我没有白白受苦；如曾真心真意付出，就应该满足……“假若怎样”是我们经常喜欢说的字眼，可生活中没有假若的存在，于是，我们就有了很多不愿回首的过去。过去的经历不可能遗忘，也不可能当作没有发生过，但我们却应该时常提醒自己：过去可以珍惜，但一定要放下。

过去的经历是珍贵的

记得上初中时，小珍特别想做一个完美的人，于是，为了让自己满意，当有一件小事不合心意时，她就决定重新开始。为此，她要重新买一个日记本，以便记录下自己崭新的生活。她要把全身上下的衣服全洗干净，或是换掉，因为她不想让过去的尘土影响将来的生活……但生活肯定是不完美的，于是，她不得不一次次地重新开始，又一次次地自暴自弃。不想让过去成为现在生活的污点，却因为不正确的认识让自己的生活不断地陷入循环之中。后来，随着阅历和知识的增加，她才慢慢意识到自己思想上存在的问题：过去也是现在生活的一部分！正是过去，才形成了我们今天的性格、我们的成功或失败。而曾经的感情生活，不管成功抑或失败，都会成为弥足珍贵的记忆，永远留在心中。

还有这样一个发生在身边的故事：他与她是同事，同在一间办公室，同教一个年级，同为班主任，有着同样的兴趣爱好。那时，他们一起听孙楠的歌，那段时光在他们的一唱一和中显得格外浪漫而温馨。他们在一个办公室里应该差不多有三年吧。从相识到无话不谈，他们成为了最要好的朋友。那些日子，成为了他们记忆中最快乐的时光！

他们共同聊学生，聊自己的设想。学生们把他当成心中的偶像，都特别喜欢他，经常成群结队去办公室找他。她便故意取笑他，欢乐的气氛便弥漫在办公室的周围。他们就那样交往着，此间有人给他介绍女朋友，但他都说不合适。她听到这样的话后，也说不上自己是高兴还是难过，因为她已经有了男朋友，不知与他的这份感情能持续多久。

终于有一天，晚上放学后，他说请她吃饭。因为开玩笑习惯了，她就没有当真，骑上自行车就回家了。在路上，他追上了她，说：“我请你吃饭，你怎么走了？”她说：“还以为你开玩笑呢。”他很失落，转身就回学校了。

此后的生活便少了些默契与温馨，而她后来也因为老公调离了原来的学校。他们还是好朋友，可彼此忙碌，竟再也没能在一起听听那些熟悉的歌了。

这段经历虽然已经过去了很久，却一直保留在彼此的记忆中，难以忘却。而且，它也让他们更加珍惜自己的婚姻，懂得感情需要两个人共同的呵护，它也成为彼此以后幸福生活的基石，引领着他们走向更加美好的未来。

过去并不是生活的全部

过去的经历尽管如此让我们难以忘怀，但它毕竟不是现在。我们经常会做出假设：假如当初……我们常会叹息过去的某个时刻，为什么不做另一个选择。其实，“假如”这种想法一开始就是个错误，因为，凡事没有绝对的对或错。假如我们选择了另外一条路，也许此时此刻又会在悔恨是不是应该选择现在的路。假如我们做的是另外一个决定，也许此时此刻又会在想现在的决定是不是会更好。

曾看到一篇文章中介绍了这样两个人：一个时常痛苦地对着照片在家喝闷酒，另一个则时常痛苦地对着朋友在酒吧喝闷酒。在家对着照片喝闷酒的，是因为那个他深爱的女人嫁给了别人，所以，他痛苦。在酒吧对着朋友喝闷酒的，是因为他娶了当初深爱的那个女人，结果却很不幸福，弄得自己很痛苦。他们都很悔恨，都说假如重新选择一回，就会怎样怎样。可作为一个旁观者，我们都不免要问：如果真的让他们重新选择一回，就真如他们所说的那样不会后悔吗？

小娜就曾经因为要选择更加向往的生活，放弃了很多。有时她也会想，如果还按原来的轨道生活，不知会不会比现在好些。可这样的想法总是转瞬即逝，因为她不想因为过去影响现在的生活。生活中总面临着许多的选择，是应该往左还是应该往右？是应该继续向前走还是应该满足于现在的生活？每次遇到这些问题，想到这些情况，就觉得很无奈。其实选择之后的努力对小娜来说，反而要简单得多，但要做出决定却是那么难。比如，她曾在一次公务员考试中考了所报考职位的第一名。可面对这个成绩，狂喜一阵后，却是艰难的抉择。众所周知，现在的工作出奇地难找，而她这一次考得这么好，很有可能能够顺利地拿到这个职位，不用再整天为工作的事情而辗转反侧了。可如果选择了去工作，那读研的事情就要泡汤了。当时为了读研，选择了放弃还算不错的工作，而现在竟要为这个工作再放弃读研吗？这绝对不是她想要的。于是，小娜决定放弃这个职位了。终于做出了决定，可心中竟还是很不舒服。公务员考试成绩也许是存在很大偶然性的，她也不知道明年毕业时，自己还会不会考出这么好的成绩，也难以想象到时如果自己找不到一份合适的工作会怎样。可仔细想想，很可惜，却不后悔，选择放弃是她能做出的最好选择。因为以她的能力，实在无法把这两者协调好，只能舍去其中的一边了。于是，小娜不再犹豫，而是重整行装向前看，因为她坚信，沿着自己认准的路走下去，就没有什么可后悔的。

放下过去，面向未来

不知大家有没有看过李玲玉和老公杰瑞的故事，他们是一个再婚家庭，杰瑞还有两个儿子，但在他们的婚姻生活中，没有任何过去的阴影能阻挡住他们追求幸福的脚步。第二次走进婚姻殿堂的他们，非常珍惜这来之不易的幸福，因为他们都清楚，只有放下过去，才能面向未来。过去的经历不管是辉煌的还是痛苦的，都不能成为现在生活不幸福的借口。

当面临生活困境，纠结于过去的错误而不能自拔时，请记住这样一句话：生活中只有但是，没有如果。是呀，尽管有些事情发生的时候，我们总会悔恨为什么当初竟做了这样愚蠢的选择，为什么就没有做出更好的选择呢？可既然事情已经发生了，过去的早已追悔莫及，即便痛彻心扉，也于事无补。所以，当事情过去的时候，就让它随风而去吧。不管那段回忆是坏是好，它也只能沉积在心底，不会对现在产生任何的影响。毕竟我们的记忆有限，放不下过去，就没有空间容得下现在和将来。立足当下，放眼未来，我们就会发现，前面还有很多更美好的事物在等着我们。

心出轨，也不要拼个鱼死网破

假如生活欺骗了你，不要忧郁，也不要愤慨！不顺心的时候暂且容忍。相信吧，快乐的日子就会到来。

——普希金

曾经有一首歌《有一种爱叫做放手》一度红遍大江南北，也触动了无数人的心灵，让纠缠于爱与不爱的男男女女似乎从中找到了是否继续爱下去的理由。毋庸置疑，有爱情的婚姻是幸福的，但是当婚姻里没有了爱情，苦苦纠缠往往带给彼此的是伤痕累累。不能让他过上如愿的生活和不甘心就此放手的想法，让最终的受害者成为了自己。因此，无论何时，也不要抱着拼个鱼死网破的思想去生活，毕竟世界上并不只有他一个人，放弃一棵大树，得到的也许就是整个森林。

放下他，生活才能重新开始

在当今社会，离婚早已不再是人们难以启齿的话题，更多的人所关注的是自身幸福的重要性。这不能不说是一种进步，至少有很多人不必再因为名存实亡的婚姻而痛苦不堪。但有些人却不这么想：一个进入围城多年的女子，迟迟不愿走出已经没有任何幸福可言的婚姻。她说："他给了我很多痛苦，我就是要拖着，我要让他比我更痛苦。"而另一个女人的男朋友多次感情出轨，她却始终不愿分手，"和他在一起这么多年了，要分手，我不甘心！"

痛到深处是心碎，心碎后的生活终将回归平淡。过去的是与非，都已与现在无关，我们都不应该再回头看那些往事。尽管偶尔也是会感到落寞，只是我们已尽力，所以不必后悔。做一个女人，就要做一个坚强的女人，在一个希望被彻底击破的时候，还能重新燃起新的希望，并勇敢地走下去。人生这条路确实很难走，风雨总来侵袭，道路总有泥泞，但我们要选择笑着面对这些生活给予的苦难，因为生活也赐予了我们太多的幸福。更重要的是，诅咒和哭泣只能让自己看不清前面的路，迷失了自我，还怎么能够让自己更好地活在这世上，还怎么能让那些看不起我们的人重新认识我们？放下他，生活才能重新开始。

一个女孩恋上了一个有妇之夫，她并不乞求太多，只是希望他能真心待她，至少是在这个陌生的城市里，当她需要他的帮助时，他能挺身而出。相识的一切都是那样美好，他用承诺燃起他们爱的火焰。她为他买他所需要的用品，尽管她不舍得花那么多钱给自己买那些东西。可这样的幸福生活只持续了一段时间。春节就要到了，他们含泪分别，各自回到了各自的家里。无边的思念不断地袭来，但她强忍着没有与他联系。终于又到了见面的日子，她提前来到约好的地方，却始终没有见到他的踪影。当她再次拨打他的电话，早已是无人接听的状态。她问自己：我什么地方做错了吗？没有人能回答她的这个问题，因为那个人已经销声匿迹。她真的不甘心。最后，她通过各种手段终于见到了他，她只是想要一个答案。而他，却只用一句我不爱你了，轻描淡写地把她的等待一扫而过。她无语，也许这段感情从开始就是个错误吧。她游荡在以前熟悉的大街上，不知道自己应该去哪儿。她借酒消愁，醉倒在路边，这时她听到有人说：这女人真没出息！泪水不自觉地流下来，是呀，自己这是怎么了，没有他的生活不也是一样过吗？她突然做出了一个决定：放下他，努力去迎接新的生活。而正是这个决定，让她以后的生活焕发了生机，而也正是这个决定，让她开始了一段更加幸福的感情生活。

你的世界里不是只有他

感情永远是女人生活的重头戏，因此，很多女人把婚姻当成是自己生活的全部。在家庭中，她忙里忙外，没有自己的一点空间。因为操劳，她总会显得比男人苍老许多，她认为男人应该理解；因为忙碌，她把自己以前的兴趣爱好全部抛弃，她认为男人会记在心里；因为家务，她不再与同学朋友联系，她认为只要男人把她挂念就够了。可现实往往是残酷的，很多时候，我们放弃的不只是自己的容颜、爱好和朋友，还有自己的爱人。

一个朋友一直抱怨看错了一个人，而她为了这个人放弃了所有的朋友。为了他，她可以得罪所有的朋友，而现在，她的世界里，就只有这样的一个男人了，他却要把她放弃了。有很多女人会疯狂地爱上一个男人，爱得迷失自我，以致找不清生活的方向。因为爱这个男人，放弃了家人，放弃了工作和学业，放弃了自尊，甚至是放弃了整个世界。最后，她也被整个世界残忍地放弃了。

其实，我们的生活中不是只有那个你觉得深爱的人，还有很多东西是值得去关注的。当我们把所有的注意力全部放在一个人的身上，结局一般会让自己都不愿接受，因为这样的“局”困住了你，也困住了他。所以，无论何时，都应该清醒地意识到，我的生命中不是只有爱情，还有很多事物值得我去爱，去关注。

努力创造属于自己的幸福生活

每个人都在追求着自己的幸福生活，而真正的幸福感却蕴含在这不断追求的过程中。小媛的经历也恰恰说明了这一点：

小媛曾是一个让许多人羡慕的幸福女人，老公事业有成，儿子聪明活泼。为了更好地照顾家庭，小媛放弃了很不错的工作，专心在家做起了全职太太。可幸福的生活就在三年前戛然而止。因为她发现丈夫回家的时间越来越晚，两个人的共同语言越来越少。在一次与丈夫爆发的战争中，她终于明白，整日宅在家里，导致她与丈夫的感情渐行渐远。仔细想想，儿子已上幼儿园，自己在家也没多少事情可做，确实应该寻找属于自己的生活了。可她沮丧地发现，近五年的家庭生活把自身曾经的精明干练几乎消磨殆尽了。到底是走出去呢，还是继续待在家里？这确实是个问题。为了找回曾经的家庭幸福，她毅然决然地选择出去找工作。可是后来她才发现，找工作比自己当初想象的要难上百倍。这个过程真的很艰辛，满怀着希望投出去的简历都如石沉大海，杳无音讯。于是，她有时也会自嘲：在茫茫就业大军中，自己真的太渺小了。在一次次地与幸运失之交臂之后，机会还是来了，她找到了一份虽不理想，但与自己以前所从事的职业类似的工作——家电销售。

销售工作不好干，因为她除了工作之外，还要照顾家庭，每天都要按时接送孩子。但她不想放弃，凭借曾经的工作经验和执着的毅力，她赢得了许多客户的信任。努力终于没有白费，她在年终评比中，以销售量第一的成绩获得了领导的好评。而外出工作的经历，也让她重新找到了自信，即便遇到一些不顺心的事情，也不再对老公唠叨个没完，精神面貌焕然一新。

一次，老公开玩笑地说：我们家的女主人可真是上得厅堂，下得厨房啊，佩服，佩服！小媛不由开心地笑了。闭塞的家庭生活，让她把老公当成唯一可以倾诉的对象，而一次次的唠叨让两个本来相爱的人变得无话可说。工作给了小媛自信与快乐，当一个人换种心情面对生活时，生活的颜色也会随之发生改变。

对于女人来说，婚姻确实占据着她们相当重要的位置，但也别忘了，女人的世界不能只有你爱的那个男人，因为那会让你的世界变得狭隘，不容易找到通往幸福的路口。如果你曾经一度把自己的身心全部交给了一个人，那从现在开始学着做一些自己喜欢的事情吧，因为外面的世界真的很精彩。如果你想要让自己的生活更幸福一些，就不要眼睛只盯着眼前这个男人，每天试图从他身上发现一些问题，而是要学着放开心，拓展自己的生活，用自己的智慧和双手去努力，相信你不仅能获得事业的进步，更能获得感情的大丰收。

坏感情要走得干脆，拖得越久伤得越深

记忆就像一只钱夹，装得太多就会合不上，里面的东西还会全部掉出来。

——托·富勒

爱情为何物？它是如此的虚无缥缈，却又感人至深。爱情来临的时候，哪怕姗姗来迟，梦里也会充满玫瑰花香。但是爱情并非没有坎坷，当爱情让两个人走向绝路，它也就变成一种桎梏。爱情桎梏无形，却颠倒了众生，禁锢了众生。置身其中，有的人急于逃脱；有的人却一直迷恋它的气息；有的人沉醉不知归路，忘了苦为何物，即使要经历苦痛熬磨，却仍痴恋在它那迷人而又绚烂的美丽中。只有身在其中的人，才能领略到这桎梏的痴缠不休，令人欲罢不能。

坏感情伤心又伤身

坏感情就像毒品，你明知它会伤害你，甚至会毁了你，可是还是戒不掉。或许你会认为再多点时间，再多一次机会，就会看到自己想要的效果。或者干脆躲避那些伤害，沉溺于这种不真实的胶着中。可是，你怎么才能留住一个男人？对于一个不适合自己的男人，你纵有千般温柔万种风情，也不能让他吃了定心丸。对于这样的男人值得吗？哪怕用尽了各种心思，得到的也只是卑微的感情和杂乱如麻的生活体验而已。所以，要学会正确地去爱一个人。适合自己的，就深情；不适合自己的，就让它走得干脆。对于坏的感情，拖得越久伤得越深。

CC 在大二的时候遇见了她现在的男友 ZZ。起初两人只是在一起聊聊天散散步什么的，后来 ZZ 就对 CC 展开了攻势。但是 ZZ 不是 CC 喜欢的类型，她很犹豫，然而 ZZ 死缠烂打。女人最禁不起这种爱情手段，CC 也一样，于是就答应做他女朋友。两人确立恋爱关系后，她发现 ZZ 有很多让她很不满意的地方，最接受不了的事就是：一点事不顺他意，他就会在大街上大闹，甚至拿头去撞墙，或者到 CC 单位去闹。其实那不过是小孩耍赖而已，但他每次都歇斯底里。每次 CC 都被他的阵势吓坏了，赶紧顺从，赶紧答应。等 CC 受不了要分手时，他就开始诅咒发誓，说都是因为太在乎她。于是 CC 就原谅了他。然而好景不长，ZZ 又旧习复发，就这样，一轮又一轮，让 CC 不堪其扰。这种关系持续了一年的时间，在这段时间里 CC 几乎活在对未来无望的恐惧中。她开始失眠，整晚整晚睡不着觉，并且总是小病不断，到医院去的次数也越来越多。

你改变不了他，只有改变你自己。让坏感情拖着自己，只会让自己感觉生活无望。只有走出来卸掉沉重的负担，才能找到属于自己的自由和阳光。要自信，要快乐，要忘掉。好的爱情是让人快乐的。不能陪你到最后的人，没什么可惜的。就算曾经爱得多死去活来，如果现在的感情已经烂掉，迟早是要丢弃的。所以，不要拖拖拉拉，该放手时就放手。只有对的爱情，才会走到最后。

爱久见人心

女人在恋爱的时候总是容易被企图心和虚荣心蒙蔽了双眼。企图心就是希望这个男人能给自己带来一生的幸福，虚荣心就是为了表面的荣光会付出很多代价。在这个物欲横流的世界，从来都没有一成不变的事情。相爱总是初见时最美好，但爱久才能见人心。如果爱情给两个人带来的不是幸福而是牢笼，不是自由而是约束，那么，他就不值得你用一生去托付。人生苦短，美丽的时光对女人来说是那么短暂。为了避免爱情之后更不幸的婚姻，为了避免婚姻之后更不幸的家庭，那个不能给你带来美好的男人，你还是离开吧。离开是为更好的幸福。

看过《飘》的人都会为女主人公的固执所造成的命运深深惋惜。女主人公斯佳丽是一个性格开朗、热情，向往自由自在生活的人。当艾希礼骑着白马，翩翩向她走来的时候，她被他风度翩翩的外表、温文尔雅的谈吐所吸引，她认为自己爱上了艾希礼。其实她根本不了解真实的自己，不了解艾希礼的思想，不明白自己需要什么，她只是被艾希礼看起来体面的举止、优雅的动作以及人们对他投去的敬佩目光所吸引了。这只是一种并非与她内心的呼唤相回应的、盲目的、缺乏深厚感情的爱，如同镜中花，水中月，而她却一直在苦苦追求。她用人们眼中的标准编织了一件华美的衣服，然后披在了艾希礼身上，并且幻想着那件衣服穿在他身上该是多么美丽，会引起多少人惊羡的目光。这让她那强烈的虚荣心得到了极大的满足。当斯佳丽能得到了她一直追求的人时，反而没有了喜悦。在苦涩的失落中，她才慢慢明白自己要找寻的人原来是白瑞德。故事落下了帷幕，留给我们的是对故事的体味。

我们不要过多地为斯佳丽遗憾，为白瑞德悲伤，因为我们每个人都是读故事的人，所以才知道结果，明白人生道理。但在人生的长河中，我们每个人又何尝不是一本未揭晓谜底的书。我们是否会犯与斯佳丽同样的错误，我们能否走出爱的桎梏，得到幸福的人生，这才是我们应思考的问题。

其实，那个让你想起来就不自觉地拥有笑意的男人，那个生活中可以照顾你的让你感觉有安全感的男人，那个夜里可以给你盖好被子的男人，才是值得你一辈子托付的好男人。

不能赋予美好，就选择离开吧

我们总会遇到这样的人，绕指柔肠的甜言蜜语瞬间就变成了擦身而过的无助。可是即便伤害再深，想起他时，还是有刻骨铭心的温暖，还是会有沁人心脾的感动。可是，理性的归于理性，情感的归于感情。再继续下去，将会是漫长的茫然无助，就像迷路永远找不到出路。那么，请选择离开吧，人生苦短，女人所期待的，不过是简单的一个知心爱人的相伴和一个一生不变的承诺。

感情来自两个人内心最原始的冲动，但需要用最理智的心去经营。所以，感情的积淀是两颗心博弈的产物。虽然感情最柔情的一面是感受，但是当遇到难题，还是要用最坚强最理智的那一面去应对。坏感情所造成的伤害，绝不会仅仅是一场痛心疾首的不甘和无奈。所以，天涯陌路或许对于分开了的恋人来说，是最好的解脱。时间是最好的平抚药剂，它总有起效的那一天。在那一天，你会发现，以前所有的种种痛苦，都在时间里释怀，你所得到的，是另一个崭新的世界。

有一个人找到一个老和尚，对他说："我放不下一些人，放不下一些事。怎么办呢？"老和尚说："没有什么东西是放不下的。"这个人说："有些事有些人我就偏偏放不下。"

老和尚让他拿着一个茶杯，然后就往里面倒热水，一直倒到水溢出来。此人被烫到，马上松开了手。老和尚说："这个世界上没有什么事是放不下的，痛了，你自然就会放下。"

放下，其实是一种顿悟。优柔寡断的人常常思前想后，拿起来慢，放下也慢。对于感情也是一样，很多时候我们放不下，是因为我们心中还有念想，比如对爱还存有希望，期许未来会改变，心中的贪欲还在作梗，对方的行为还没有触及自己的承受底线等。总之没有让自己痛到必须撒手。但是如果看开了，看淡了，自然也就放下了。

旧的不去，新的不来。秒表只有不断地清零，才能更好地测定你奔跑的速度。面对未来，一个人如果不及时清零，你背负的东西将模糊幸福的指数，继而让你在生活中失去自我。

过去的感情可以不忘记，但一定不要继续纠缠。生命注定要忘却一些东西，无需再追忆的便彻底摒弃，对坏感情太多的留恋只会成为一种羁绊。无论怎样，我们的脚步要走向前方，而不是一直回首过往的每一个路口。

遗忘的意义并不是真的忘掉这么一个人，这么一段情。而是相信了失去，承认了人生就此擦肩，以后天涯殊途，生活再无相交的可能。各自再多的幸福悲伤，也只是彼岸的风景，即使是心有所动，也不会再掀起多大的波澜。

爱到尽头，就要勇敢放手

心爱的人既是痛苦的渊源，也是缓解痛苦、加深痛苦的药剂。

——普鲁斯特

有一首歌里提醒女人“要为自己保留几分”，不要把自己的整个人生都押在口口声声说爱你的男人身上。两情相悦固然美好，但不应该是我们生命的全部。倾其所有守候“爱情”的女人，必然为其所伤，并深受其痛。心智的独立和处变不惊的镇定与从容应是现代女性的必要素质。天地那么广大，生命那么短暂，有什么比珍惜自己更重要的？

失恋是另一种祝福

哲人说："爱情是一位伟大的导师，能教会我们重新做人。"有的人失恋后一蹶不振，终日烦恼；有的人厌世轻生，自杀身亡；还有人反目为仇，相互残害，不仅变成傻瓜，还变成罪犯。有恋爱就有失恋。女人一次次地在失恋的时候抱怨没有好男人，但又一次次地重新陷入了甜蜜的爱情，而且每次都很高调，每次都宣扬自己觉得幸福。在苏格拉底看来，失恋也是一种幸福，一种祝福。

苏格拉底：孩子，你为什么悲伤？

失恋者：我失恋了。

苏格拉底：哦，这很正常。如果失恋了没有悲伤，恋爱大概也就没有味道。可是，孩子，怎么发现你对失恋的投入甚至比恋爱还要倾心呢？

失恋者：到手的葡萄给丢了，这份遗憾，这份失落，您非局中，怎知其中酸楚啊？

苏格拉底：丢了就丢了，何不继续向前走，鲜美的葡萄还有很多。

失恋者：不，我要等待，直到她回心转意。

苏格拉底：也许这只能使你离她更远。

失恋者：您说我该怎么办？我真的很爱她。

苏格拉底：真的很爱？那你当然希望你所爱的人幸福。

失恋者：那是自然。

苏格拉底：如果她认为离开你是一种幸福呢？

失恋者：不会的！她曾经跟我说，只有跟我在一起的时候她才感到幸福！

苏格拉底：那是曾经，可她现在并不这么认为。

失恋者：这就是说她一直在骗我？

苏格拉底：不，她一直对你很忠诚。当她爱你的时候，她和你在一起，现在她不爱你，她就离去了，世界上再没有比这更大的忠诚了。如果她不再爱你，却还装得对你很有情谊，甚至跟你结婚、生子，那才是真正的欺骗呢。

失恋者：可我为她所投入的感情不是白白浪费了吗？

苏格拉底：不，你的感情从来没有浪费，因为在你付出感情的同时，她也对你付出了感情，在你给她快乐的时候，她也给了你快乐。

失恋者：可是这多不公平啊！

苏格拉底：的确，我是说你对所爱的那个人不公平。本来，爱她是你的权利，但爱不爱你则是她的权利，而你却想在自己行使权利的时候剥夺别人行使权利的自由，这是何等地不公平！

失恋者：可是您得看明白，现在痛苦的是我而不是她，是我在为她痛苦！

苏格拉底：为她而痛苦？她的日子可能过得很好，不如说你为自己而痛苦吧。

失恋者：依您的说法，这一切倒成了我的错？

苏格拉底：是的。如果你的爱能给她带来幸福，她是不会从你的生活中离开的。要知道。没有人会逃避幸福。

失恋者：但愿有这一天。可我的第一步该从哪里做起呢？

苏格拉底：去感谢那个抛弃你的人，为她祝福。

失恋者：为什么？

苏格拉底：因为她不仅给过了你一份忠诚，还给了你寻找幸福的新的机会。

爱情让人睁大双眼，也让人双目紧闭。有人在爱情里边走边唱，有人在爱情里迷失自我。但不管爱情有多么美丽，我们的头脑也要时刻保持清醒。

失恋是痛苦的，但是它减少了一种不可能，却增加了种种的可能。俗话说，失恋莫失志。失恋虽然会给人带来痛苦，但是理性能战胜感情。失恋者一旦摆脱了暂时的不幸，生活将充满希望、欢乐和光明。伟大的思想家恩格斯、伟大的音乐家贝多芬，他们都遭受过失恋的打击，但是他们都战胜了自己，经受了道德情操的考验。爱情会让人失去理智，也容易让人失去斗志，小心，不要再受已走到尽头的爱的羁绊，该放手时就勇敢地放手吧。

放手，也是成全自己

当一份感情不属于你的时候，它对于你也就没有一点价值，所以你也不必认为它是一种损失。放手不是成全别人，而是成全自己，如果你放任一个失去道德和责任感的男人继续扰乱你的人生的话，那才是最大的悲哀。

当我们陷入爱情的漩涡，随着对方的喜怒而浮沉时，就失去了自我，所以当伤害来临时，我们总是企图用退让来挽回，结果却让自己伤得更深。

当年一名法国女子，与一英国公爵相爱。后来公爵另娶他人，该女子立刻把公爵送给她的珠宝全部仿造大量出售，从此奠定了自己在时尚界的地位。在公爵大婚之日，这名女子平静地说："世界上公爵夫人有很多，但可可夏奈尔只有一个。"她活到 88 岁，死后她的名字成为了时尚符号。

不管曾经受过多少伤，爱情依旧是最好的医治办法。从深度心理学的角度来看，天下最好的治疗者是自己的爱人。同理，不管你曾经多么幸福，他有多么爱你，当爱情被背叛取代时，那个你曾经最爱的人，就会是伤你最深的"凶手"。

当爱已成往事，勇敢地面对现实，别让自己沉醉在痛苦中，相信前方有更珍惜你的人在等你。不要为了那个不值得爱的男人再蹉跎人生，更没有必要苦苦守候他那颗变质的心……

在这里，无意指责男人的善变和绝情，情感本身的脆弱与复杂让人很难评说是非。有时候，爱与不爱并不能为人们的意志所左右，而女人可以把握的，只能是自己。

幸福与痛苦是生命里的孪生姐妹，因此，没有谁可以保证自己的爱会永远甘美如饴。对于爱情中那些苦涩甚至惨痛的体验我们常常无法拒绝，重要的是我们如何理智地对待。你可以选择歇斯底里，选择绝望，选择伤害；你也可以选择安详笃定，选择理性，选择有尊严的放弃。我们应当对自己负责，对生命负责。当爱成为幻影，当真实显露出冷酷，你会受伤，你会痛，这痛可能击倒你，也可能渐渐沉淀为生命的阶梯，只要你站上去，便能重新恢复你的高度。

不要做分手时的愚妇

当曾经珍爱如生命的人即将成为陌路时，才恍然大悟，原来，曾经以为的天长地久，其实不过是萍水相逢。

爱，是最难以分清对与错的。如果说你智慧地分清楚了，那你就应该把错忘记掉，面对转身而去的爱情真诚地道一声："希望你幸福！"。多少人曾伸长了脖子高呼，要爱就无怨无悔！其实，这些都是自欺欺人的话，像现在的市场经济一样，付出了都希望有所回报。就像有的人一样，心底里明明是爱，嘴上却说恨，而这个时候的恨，往往是用表象来掩盖心中最真实的感情。倘若爱的火种真的熄灭了，恨如何能燃烧？

所以，不要在分手时做愚妇，也不要让对方当时选择离开你而感到万分庆幸。这是因为你们的一段感情和爱情已经走到了尽头，你不要向他倾吐无情的口水来证明你被抛弃的痛苦和无辜。如果这样做的话，会让你的伤口好得更快一些，也会让你的心理得到平衡一些；更会让你重新找回自我的时间缩短一些。

伤口是爱的笔记，痛苦是人生的财富。曾经相爱的人，在前世一定和你有缘，不要粗言虐骂，更不要大打出手，而应大度些，爱到尽头就勇敢放手！

地球依旧是每天自西向东自转，时间还是一分一秒来临然后过去，我们的世界仍然在有序地运转着，所有的一切都不会因为我们那些回忆而停止前进。我不愿意看你被疲倦传染、被记忆的痛打败，因为我们的美好生活才刚开始。如果你感觉到一丝丝倦意，请赶快苏醒吧。这样的苏醒就如同田野间刚刚绽放的花蕊，会以最美的姿态迎接天空的湛蓝。

爱情熟了，自然要结婚

男人从不担心他的未来，直到他找到一个妻子；女人常常担心她的未来，直到她找到一个丈夫。

——南莺

没有爱的婚姻是悲哀的，但是爱情只是婚姻的基础，尽管大家说婚姻是爱情的坟墓，但是没有婚姻，爱情将死无葬身之地。虽然这话有点夸张，但意在说明婚姻是爱情的最终归宿，没有婚姻的爱情，就没有保障，永远是虚无缥缈的。只有走向婚姻，才能考验两个人相濡以沫的能力，才能在柴米油盐中巩固自己的爱情。自古以来，由爱情到婚姻，进而享受家庭带来的天伦之乐，是人类的共同追求。

婚姻恐惧症，现代爱情的杀手

“婚姻恐惧症”好像是新兴的一个名词。其实在古代，很多人也会有不同程度的恐惧症，但是那种恐惧是来源于一种害羞和担忧。在封建社会，根据父母之命媒妁之言而结成婚姻，婚前双方甚至都没有见上一面，直接结成夫妻，对于保守的男女来说是一种担忧。在现代社会，婚姻恐惧症，指的是即将结婚的两个恋人之一（也可能是两个人都有）对未来的婚姻生活感到疑惑、不确定、甚至是焦虑。但是当事人说不出为什么，却想到结婚就心跳加速。或许是害怕婚姻会埋没了爱情，或许是担心婚姻会扼杀了爱情的浪漫，或者是不想承担婚姻带来的责任，还有人担心婚姻会阻碍自己的自由，担心婚姻会给自己套上枷锁。有严重的婚姻恐惧症患者，甚至在结婚关头以分手告终。

分手当然不是爱情的结果，一直恋爱下去也不是爱情的最终归宿。只有结了婚的男女才能算得上是大人，只有走向婚姻的爱情才是经得起考验的爱情。因为，结了婚就要承担家庭的责任，为了家庭努力。所谓婚姻就是柴米油盐酱醋茶，在摔摔打打磕磕绊绊中相知相扶，在平平淡淡中展现真情。爱情只有走入婚姻才能很好地向对方证实它的真实性、可靠性与真诚性，才能破译爱情那美轮美奂的朦胧面纱下掩盖的是真情实感还是虚情假意。爱情就融化在这结婚后耳鬓厮磨的日子里，细水长流。

有一些爱玩的男女，一想到要融入琐碎的婚姻生活中就变得胆怯了。觉得婚姻给不了自己安全感。有很多女孩因为太重视自己的婚姻大事，觉得婚姻能决定一个女人的命运，于是就思考再三举棋不定。其实，既然选择了自己的爱人就要好好去把握，不要害怕婚姻带给自己的磨炼和伤害。因为两个人相处不可能永远是浪漫的，不可能永远是雾中花水中月，即便在婚姻中发现了对方的缺点也要共同去克服和包容，爱是理解，而不是逃避。婚姻是爱情发展到了一定阶段成熟的结果，它是爱情的最佳收获。没有婚姻的爱情只是一个模糊的画面，而婚姻是画中真实的美景。有了婚姻才有了美好而充实的生活，才有了儿女绕膝的天伦之乐。

所谓婚姻就是一双鞋，合不合脚只有穿在自己的脚上才知道。新鞋很磨脚，但是新鞋早晚会被我们的脚穿得舒服了。婚姻也是两个人之间的共同磨合，不是一个人害怕就不去尝试的。

现在很多男孩也有婚姻恐惧症。男孩更要勇敢，因为早晚要长大要承担这份责任，所以是自己承担的时候就别逃离了，给自己的爱人和自己一个幸福的家，相信在你们的努力下会收获美满的爱情的。要相信爱情的力量是伟大的。

婚姻不可怕，可怕的是自己丢失了对爱情的信心，所以为了爱情，结婚吧!

婚姻是爱情最完美的果实

有人说：“婚姻是爱情的坟墓”，结婚意味着激情的冷却以及爱情的消逝。婚姻真的如此可怕吗？答案是否定的。问一下那些甜蜜相守着的夫妇，就会知道有时候爱情与婚姻是可以共同拥有的。婚姻只是让爱情由一种表面的火热变得平实。有了婚姻的爱情是完美的，因为有了爱做基础。平淡的婚姻，只是在某种程度上淡化了爱情的浪漫而不是埋葬和扼杀，它只是用婚姻这种形式进一步表现、演绎了爱情的浪漫。婚姻会让彼此爱着的两个人逐渐展示自己真实的一面而加深彼此的了解，不会只守着一份空洞的承诺来敷衍对方虚幻的生活。爱情中的两个人为了展示自己好的一面往往伪装着自己，这样的伪装会让心感到累，而婚姻却给了心一种坚实的依靠。

其实婚姻中并不乏浪漫，一个轻轻的拥抱，一个浅浅的眉吻，一朵旷野里的小花，一条幽默好玩的短信，一件爱人喜欢的小礼物，一句疼爱贴心的话语，一种焦急而担忧的牵挂，都是婚姻中浪漫爱情的表现形式。

婚姻其实是爱情成熟后的一种产物，它在一定意义上让爱更加的深邃和赋有内涵，并赋予了爱一种神圣的责任，来完成一种生命的延续，使未来的一切继续繁衍生息，给了生活一种希望。

婚姻是爱情发展到一定程度的必然，没有婚姻的爱情是不负责任的，没有婚姻的爱情是不完美的。婚姻让爱有了结晶，有了归宿，有了依靠，更是让爱得以进一步升华。婚姻看似是一种传统的爱的模式，其实它更是爱的延续和寄托。婚姻赋予了爱情一种实质性的内容，使爱情具有了一种灵性的东西，延续着一代又一代的生命。

夕阳下，一对老妇老妻的相互搀扶，那是婚姻赋予了爱一种责任后的相互依存。爱情的演绎离不开婚姻，婚姻不是爱情的坟墓，而是爱情最完美的果实、是另一种浪漫的演绎。

婚姻是一门学问

很多人不懂婚姻是什么，不知爱情到底为何物。为什么原本美好的爱情，走到了婚姻神圣的殿堂，就变得如此的枯燥不堪呢？

一天，柏拉图问老师苏格拉底什么是爱情？老师就让他先到到麦田里去，摘一棵全麦田里最大最金黄的麦穗来，期间只能摘一次，并且只可向前走，不能回头。

柏拉图于是按照老师说的去做了。结果他两手空空地走出了田地。老师问他为什么摘不到？他说：因为只能摘一次，又不能走回头路，期间即使见到最大最金黄的，因为不知前面是否有更好的，所以没有摘；走到前面时，又发觉总不及之前见到的好，原来最大最金黄的麦穗早已错过了；于是我什么也没摘。

老师说：这就是“爱情”。

之后又有一天，柏拉图问他的老师什么是婚姻，他的老师就叫他先到树林里，砍下一棵全树林最大最茂盛、最适合放在家作圣诞树的树。其间同样只能砍一次，以及同样只可以向前走，不能回头。

柏拉图于是照着老师的话做。这次，他带了一棵普普通通，不是很茂盛，亦不算太差的树回来。老师问他，怎么带这棵普普通通的树回来，他说：“有了上一次经验，当我走到大半路程还两手空空时，看到这棵树也不太差，便砍下来，免得错过了最后又什么也带不回来。”

老师说：“这就是婚姻！”

人生就正如穿越麦田和树林，只走一次，不能回头。要找到属于自己最好的麦穗和大树，你必须要有莫大的勇气和付出相当的努力。

婚姻之所以没有了爱情那样绚丽而浪漫的色彩，是因为双方把精力投向了别处，这并不是爱情的消逝，而是对爱情的忽略。只要多花心思在感情上，爱情就能以一种更加温情的面貌与婚姻同在。

每个人的婚姻不可能如死水一样波澜不惊，必定有很多的磕磕绊绊、吵吵闹闹，有痛苦，有波折，有沮丧，有失意，有彷徨，有误会，很多的遗憾与烦恼交织。很多人沉湎于苦难不能自拔，选择了放弃这段感情。或许，这段风雨过后就会见到彩虹；或许，阴霾过后，就有晴空；或许，一段忧伤正迎接着一个希望。这些只是婚姻中的一个个小插曲。怨天尤人，埋怨命运不公、时运不济、世人不解、爱情已逝，都只是不懂婚姻这门学问的开脱之词罢了。

嫁给一个爱你的人是幸福的。在他的面前，你可以肆无忌惮地撒娇、扮痴，你可以任性地做任何你想做的事；在他面前你可以尽情地放任自己，你可以不修边幅。但是在享受他对你的宠溺、迁就、包容时，也不要忘记为他建设一个心灵的栖息地，做他生活中那块最安稳的小岛，让他也能感受到有你的快乐。

婚姻是一门学问，是一门技术，但不像是书本中那样的死学问，也不是生产环节的死技术，它像经营管理一样，是一门活学问，是一门活技术。到了情窦初开的年龄，人人都需要学习，人人都需要研究。我们不仅要把婚姻当一门学问、一门技术来学习、来研究，更要把婚姻当作一项事业来合伙经营，把婚姻的理论知识与婚姻的生活实践相结合。

婚后生活和热恋是完全不同的

婚姻不是1+1=2，而是0.5+0.5=1。即：两个人各削去自己的个性和缺点，然后凑合在一起。

——张弘

恋爱是行走在通往婚姻的路上，婚姻是恋爱修来的最好归宿。婚姻和恋爱不同，恋爱是没上保险的爱情，而婚姻是上了保险的爱情。恋人是在虚拟的世界里，而婚姻是生活在现实里。恋爱是把最美的东西给恋人看，倾其所有、投其所好，而婚姻中的你就是本质的你。

婚姻让爱情回归常态

爱情只需激情，要的是两人之间的那种刻骨铭心的感觉。而婚姻中却有着太多的琐碎的日常事物。

曾经红极一时的热播剧《我的名字叫金三顺》，里面有一段关于爱情的台词："男女第一次渴望着对方的时候，性荷尔蒙分泌出睾酮和雌激素。这种渴望持续下去，到了陷入爱情阶段，就会分泌多巴胺和血清胺。它们是爱情中最重要的物质，能让人一时处于近疯狂的状态。到了下一阶段，男女会持续双方的关系并希望得到更密切的结合，就会发展到性爱或者是结婚……"

这段台词可以说是非常有趣的，但却不乏真实。人不可能一直处于疯狂状态，总要回归常态。所以，一般说来爱情的期限会持续一年半到两年的时间。之后，随着荷尔蒙的减少和消失，激情也就归于平静，我们也会随之失去爱的感觉。等到进入婚姻的围城，生活的现实和琐碎就会约束爱情的虚幻和不羁。爱情不是消失了，而是改变了她的存在方式。爱情是婚姻的前奏，如果没有了这个前奏，婚姻将是一曲不和谐的乐章。

爱情总是充满着浪漫和缠绵，眼中的对方总是最完美的。很多爱情故事被演绎得没有任何杂质，结局震撼着人心。爱情给人的始终是最纯粹的心灵震撼。爱情，无论爱得如干柴烈火般，还是爱得如涓涓细流，始终是两个恋人之间的事情，彼此需要的只是那种刻骨的感觉。

选择了婚姻，面对的就不只是两人的事情，有时甚至是一个团体，一个家族。作为妻子和丈夫，除了要彼此处理好关系，还要和婆婆、丈母娘，以及其他的家人都要相处和谐，不然日子就不会那么舒心了。

结婚之前，以为只要两个人好，就是生活的幸福。其实婚后的生活很琐碎，婚姻并非完美的瓷器。一个家庭里，琐碎的家务总是太多，买菜做饭，洗衣叠被，油盐酱醋等，日复一日，年复一年。还有接送孩子，辅导学习，见班主任，开家长会，都很费神。但家务事总得有人去做，在没有尽头的家务中，再勤快的人，也会有心烦的时候。

爱情需要海誓山盟，彼此缠绵；婚姻需要彼此容忍，经历日常。时常，从浪漫餐厅走出来的爱情，常常被约束于居家饭厅。

所以有那么一句话，大意是说，虽然婚姻是爱情的坟墓，但是宁愿两个人葬身坟墓，也不愿自己的感情死无葬身之地。一段有爱情基础的婚姻，再加上用心经营，会成为你最眷恋的港湾。

婚姻生活是一张现实脸孔

小说《爱尔兰咖啡》讲述了一个动人的爱情故事：一个都柏林机场的酒保邂逅了一名空姐，心生爱慕。他觉得她给人的感觉像爱尔兰威士忌一样，希望她能喝一杯自己亲手调制的鸡尾酒，但那女孩只喝咖啡。后来他终于想到了一个办法，把爱尔兰威士忌和咖啡结合在一起，取名为"爱尔兰咖啡"。爱尔兰咖啡的制作过程非常考究，威士忌和咖啡要有一定的比例，同时要有一定的火候。当他第一次替她煮爱尔兰咖啡时，因为激动流下了眼泪。他用眼泪在爱尔兰咖啡的杯口上划了一圈。所以，第一口爱尔兰咖啡的味道，带着被压抑许久后的思念的味道。

《爱尔兰咖啡》中蕴藏着的被压抑的思念正是爱情特有的绵延情思。爱情是一种浪漫的美好情感，而婚姻往往是现实的。

"在天愿作比翼鸟，在地愿为连理枝。"爱情的力量不断激发着两个生命的快乐，一时的激情不足为道，而是要能相携相伴一起走过人生的风风雨雨。婚姻是爱情的最好保护伞，是爱情的最佳归宿。爱情是女人生命的需要，婚姻是爱情的生命的需要。只不过，婚姻中的爱情是另一张脸孔，时间在流逝，爱情也在成长。

婚姻是一辈子的相知相守。当恋爱的激情消退，你是否还能在他下班的路口静静等待？当大难来临，你是否还能紧紧握住他的手？多少爱情，只有阳光，没有风雨；只有快乐，没有痛苦。爱的时候，都会说我是你的永远，可又有多少爱能抵得过似水的流年。只有经受住了生活考验的爱情才算得上是真正的爱。

婚姻是一辈子的守候

女人因为想结婚而恋爱，男人因为拒绝结婚而恋爱。爱情是“我爱你”，而婚姻是“在一起”。对于女人来说，想要什么样的生活，就会选择什么样的婚姻。

一般来说，男人开始强烈地意识到结婚这件事是在30岁前后，这与男人的成长历程有很大关系。在刚刚踏入社会的四五年内，男人经常可以和校友或同事一起喝酒、发牢骚，借以消除疲劳。然而随着年龄的增长，相互间逐渐产生了差距，特别是30岁之后，杰出者与平庸者会截然分成两个团队。如此一来，即使曾经是推心置腹的朋友，也不得不为新的社会关系所左右，致使这种关系有可能变成竞争对手关系，也有可能是等级森严的上下级关系。于是，部分基于这种心态的男人便想要找个女人结婚了。

无论是为生活还是为关系，男人和女人一旦想要结婚，都是出于心理上想要安定下来的需求。婚姻可以让男人和女人更有安定感，并肩作战总是强过单枪匹马。恋爱和婚姻虽然同样以“爱”为名义，但是婚姻更是一种真实的生活，更像是一部纪录片；而恋爱，只是一部基于浮华和浪漫的电影。

在婚姻里，夫妻要放弃自我中心，以家庭为重；要放弃只有一个人的快乐，重视全家人的幸福。因此夫妻之间，可以有自尊，但不能有傲慢；可以有谎言，但不能有欺骗；可以有疼痛，但不能有伤害；可以有懒散，但不能有堕落；可以有忘记，但不能有漠视；可以有争吵，但不能有凌辱。

就这样生活下去，有一天你会突然发现，夫妻之间谁也离不开谁了。那个和你生活了许多年的人，既是你的爱人，更是你的亲人。你再也离不开她（他），舍去了就会痛。她（他）早已经是你身体和心灵的一部分，离开她（他）你就会变成残废。在老了的时候，你甚至会很霸道地要求她不能死在你前面，因为没有她（他）你会很孤独。那对你将是一件很残忍的事。

婚姻里的爱情，裹在婚姻的夹层里，永远都无法剥离。婚姻承载着爱情，爱情幸福着婚姻。

保持女人香，也要进厨房

美食不如美器，美器不如美厨娘。

——韩寒

过去人们说好女人有两个标准：上得了厅堂，下得了厨房。但是，又有人说，女人，漂亮的不下厨房，下厨房的不漂亮。殊不知，女人爱上厨房，做几样可口的小菜，会令她们更加有魅力。有人说，一个家庭的幸福，80% 来源于妻子。这是因为，妻子让家庭变得既温馨有趣又芳香四溢。当然，能做出一手好菜，也是至关重要的因素。

出得厅堂的女人更要下得了厨房

“出得厅堂，下得厨房”是一种比喻。出得厅堂，指女人一定要在公共场合举止得体，在工作中比较能干，有不错的业绩。下得厨房，指女人在家中也很能干，能够把家里打理得井井有条，当然不会排斥下厨房。我们以前一直有种误解，认为出得厅堂的女人多是下不得厨房的，而能够下得厨房的多是一些没有太高事业追求的小女人。其实在现代社会，越是出得厅堂的女人越是下得了厨房，越是出不了厅堂的女人越是下不得厨房。你会发现，有很多功成名就的女人能煮得一手好菜，并且很享受自己在厨房里的时光。或许这是因为如果她能在工作上做得很出色，具有较优秀的管理能力和执行能力，那么她也一定会将家里管理得井井有条。

英国前首相撒切尔夫人任首相时，家里从来没有请过保姆。只要她晚上没有国务活动，总是在六点钟之前赶回家里，忙着给丈夫和孩子做晚餐。撒切尔夫人的这种家居角色恐怕是许多人都想不到的。在事业上取得了骄人成就，在家庭中还能将妻子、母亲的角色扮演得这么到位，的确让人敬佩。这就是“出得厅堂下得厨房”的优秀女人的写照。

从前，女人从呱呱落地之日起，做母亲的就开始教育她“该做什么”或“不该做什么”。分得清楚明了，并严格按要求去做。可是现在，社会变了，男女已经平等。但不是说男女一定要一起做饭，一起出去工作。毕竟男女有别，女人照顾家庭的时间多一些，男人事业上的担子会更重一些。女人不可能在各方面都要求平等，比如女人当上了母亲，就会产生为孩子甘于牺牲一切的信念。为了让孩子拥有健壮的体格，做妈妈的往往是亲历亲为，遍寻食谱。而不会做饭的母亲，对孩子来说是怎样的一种悲哀啊!

当然，优秀的女人是能上得了厅堂和下得了厨房的，既能在工作中展现自己独特的智慧和美丽，又能在柴米油盐中营造家的温馨。这既是女人自己价值的体现，也是在为婚姻生活构筑幸福。

要留住男人的心，先留住男人的胃

莎士比亚说过，要想留住一个男人的心，得先抓住男人的胃。这句话是真的。这是为什么呢？首先，所谓“食色，性也”。饮食和性，不过是人最初级的本能而已，人生就离不开这两件事。男人都是嘴馋的，聪明的女人会将饭菜的香味笼罩整个家庭，让男人舍不得离开，即使吃遍了外面的山珍海味，还是会留恋家中妻子所做饭菜的味道。在每个美丽的早晨，女人为自己心爱的人煮一碗枸杞粥，煎一个荷包蛋；或者在某个周末的晚上，炖上营养汤，炒两个小菜。这会让男人有很多惊喜的同时，更留恋这个家。

男人和女人因自身的体能差异，奠定了“男女有别”的基础，各自担当着社会生活中不同的角色，彼此体谅，共同分担，真实也自然，沁心也温暖。在现代社会，面临责任、事业、婚姻、家庭及社会的压力，男人身体和心理的压力都远远大于女人。他们要为整个家撑起一片天，要买房买车，还要出人头地。所以，男人从内心里渴望温柔、善良、贤惠的女人，其实不过是想回家后真正有家的感觉，否则，男人迟早会崩溃的，婚姻也是不牢靠的。

当男人在外面忙碌了一天，回到家里，看到女人腰系围裙，在厨房忙活，听到女人温柔地说“洗手吃饭吧”的时候，他是什么心情？他的劳累可能会瞬间消散。

对于女人来说，照顾男人、爱男人的最直接、最现实的行动，可能就是为男人做一顿可口的饭菜。

其实女人进厨房，并不涉及男权主义和不平等，这是一种爱和相互体谅。社会赋予男人太多责任，男人是家庭的顶梁柱，压力大，应酬多。可是，男人的骨子里还是希望回家和妻儿共进晚餐的，更希望多吃家里的饭菜。这时候做妻子的，更要好好呵护老公的胃。从中可以看出，留住男人的胃是多么的重要啊！

当然，真的想留住对方的心，需要从点点滴滴的小细节入手，以心换心，彼此尊重，相互理解，而不是一味的屈从和迁就。想用美食把他的胃留住，只不过是一个暂时。再好的美食天天食用也会失去滋味，推陈出新未必是一件易事，爱吃美食也不可能天天有胃口的……

作为女人，你不只是一个会做饭会做家务的女人，如果是这样的话，你注定谁也抓不住。你也必须要让男人觉得你很优秀，让他确确实实需要你、离不开你才行。所以，“上得厅堂，下得厨房”，是你追求婚姻美满的重要保证。

下厨的女人最美丽

在这个快节奏的年代，女人爱美食，女人爱美丽，女人更爱自己；女人上职场，女人下厨房，女人更要出得厅堂。女人要自己设计菜谱，用一日三餐和甜品小食让自己和家人吃出美丽、吃出健康。这其中无不蕴含满满的爱。老爸爱吃什么？老妈爱吃什么？这些全都在她心里存了档，只要钻进厨房，她的心思也就全用在家人和客人身上了。每一道菜，都彰显着她对家人一往情深的挚爱，对所有客人的热切关怀。一个喜欢厨房的女人，自然是个喜欢家的女人。下厨房的女人，周身都散发着迷人的味道，因为，她不但能掌握整个厨房，还能让整个家幸福满溢。

小西直到结婚时对做饭仍是一窍不通。新婚的日子里，柴米油盐从没沾过。下班回到家，不是去婆婆家，就是回母亲家，过着饭来张口的日子。

直到有一天，母亲去了姐姐家，婆婆回了乡下老家，做饭这事，自然而然落在小西的肩上。

初次做菜，小西把一切都弄得很糟。火候和盐很难把握，不是烧焦了，就是盐放多了。好在小西的先生很宽容，这促使她再接再厉，在“煮妇”的路上越走越远。

经过两个月的操练，小西的厨艺明显进步了很多。母亲回来那天，小西为她接风洗尘，精心做了八菜一汤。母亲为此赞不绝口，那是母亲第一次吃到小西亲手做的饭菜。母亲的脸上，因激动溢满幸福的表情。

最近，朋友们都说小西变漂亮了，小西说：“这是被家庭生活的‘汤汤水水’

滋润的。因为有爱充盈于心，才愈发显得我年轻而富有神采。”

自此，小西便喜欢上了下厨房，甘心做起了“煮妇”。每逢节假日，小西把公婆和父母接来。对于小西而言，小家小聚是最惬意的事。小西在厨房里做菜，先生和家人边看电视边聊天，一家人其乐融融，很是开心。大家都很享受这样的亲情时光。看着家人吃得杯盘狼藉，小西的心也满满的尽是喜悦。

一位朋友说，看一个女人在厨房中的身影，会有种内心的感动，很莫名，很深刻。厨房是女人的另一个舞台，在这个舞台上，她们可以将作为女性的美丽展现得淋漓尽致。要做好一道色香味俱佳的菜，除了需要长期实践摸索，更多的却是智慧的闪现和创造力的发挥，而厨房里的女人就能在那方空间里做到游刃有余。可以用“静如处子，动如脱兔”这句成语来形容厨房里的女人。火候未到，她就静静地守候，那守候的姿态绝对称得上纯美；而一旦火候来到，她飞快地抄起锅铲，调料，起锅，如同行云流水般，一道菜就呈现在面前了！

一位爱下厨房的太太说：最近几天又爱上了厨房，每天下午下班后都要在厨房待上几个小时。她说：其实一直很喜欢厨房，无论是出于对美食的贪恋，或是从小独立的性格，喜欢一个人在厨房的世界里，安静而温馨。

油盐酱醋，葱姜蒜椒。一个人在厨房，锅中的饭菜香气四溢，窗边的自己思绪游走，这就是一种幸福的味道……

不要为鸡毛蒜皮的事情抓狂

得放手时须放手，得饶人处且饶人。

——关汉卿

敏感的天性可以算是女人的一个共同点。这样的天性，会让女人把许多事情往心里放，哪怕一些鸡毛蒜皮的事情。她们常常小题大做，被情绪牵着鼻子走。经常追求完美，为了哪怕一点点的不完美而耿耿于怀。人生短暂，每个人都有犯错误的时候，生活也不是都那么一帆风顺。爱你的人也许没有正确的表达方式，但是人无完人，生活也不可能尽善尽美，所以尽可能不要责怪别人的行为和动机，也不要为自己的不当过分自责。当你不再为鸡毛蒜皮的事抓狂的时候，你会发现，生活原来竟是这般美好！要学会跟不完美和解。

生命短暂，不要被鸡毛蒜皮的小事牵着鼻子走

你是否曾有这样的经历：

因为老公的关系，你认识了一位朋友，但每一次见到他，他看起来就像对你视而不见一样。你开始觉得很不舒服，以为对方觉得你不配跟他做朋友。但是你有没有想过，他也可能有其他原因？或许他是近视眼，或许他太忙了，或许他在想其他的事。很可能你只是相信对他错误的想法与感觉，并且为此发狂，但不会选择相信他的行为和你无关。

当你遇到麻烦，你希望老公回到家能安慰你一下，希望他能给你亲切的关怀。但他回来之后反而会躲进书房里，只是喃喃地说自己不饿，他还有太多事情要做。用不着多说，与其怒气冲冲跟他大吵一架，不如想想，也许是他这天遭遇到了比你更烦心的事，以致于情绪很低落。他不想将烦恼和痛苦带给你。他这么做，并不是因为你。

比如你要准备一个考试，但是孩子却哭闹不停，你以为自己的孩子不懂事，特别心烦，越想越生气，就把他打了一顿，然后自己又在自责中学习从而效率不高，以致于考试的成绩也不理想。

……

人生苦短，为什么我们还要花费太多时间，去为那些很快就会忘掉的小事而担忧烦恼呢？我们的生命只有短短的几十年，却把精力浪费在鸡毛蒜皮的小事上，是多么的不值得。很多女人把事情都想成是针对自己而来，从而造成不必要的沮丧感，别人也会因为你的反应而困惑不已。聪明的女人，会把时间和精力放在值得去做的事情上，去经历真正的感情，去做必须要做的事情，而不是把目光长时间地锁定在鸡毛蒜皮的小事上。

退后一步，海阔天空

雨果说过："世界上最宽阔的是海洋，比海洋更宽阔的是天空，比天空更宽阔的是人的心灵。"

女人的心灵本来就如海洋一般，既有博大的爱，又富于变幻。她们虽然有时候温柔如水容忍谦让，但有时候却对阻挡前进的磕磕绊绊耿耿于怀。于是她们经常一遍又一遍地感叹"这个世界上理解我的人太少了"、"为什么事情会变成这个样子"！

雨果劝慰我们：心胸不要太狭窄，不要为鸡毛蒜皮的事情发狂。那么，女人们怎样做才能使自己的心胸宽阔如海洋呢？不要为小事所吞噬。事实上，女人想要克服一些鸡毛蒜皮的小事带来的烦恼，只需要把眼光和重心转移一下就好了。

你是否也曾有过这样的经历，为某件事情担心难过了好一阵子，但最终这件事情的结果并没有给你的生活带来多少影响。过不了多久，你甚至连当时为什么会烦恼都记不起来了。

退后一步，看看整个大方向，这会很有帮助。女人需要克服因为自己过早的假设与判断造成的过度反应。所以，下一次当你发现自己又在为某个人或某种状况心烦不已时，告诉自己："或许这不是冲着我来的。就算是，又怎样呢？"

淡化小事，强化目标，心胸自然开阔。荷马·克罗伊是个作家，以前他写作时公寓汽灯常常会砰砰作响，然后又是一阵阵哧哧的声音，每当这时他都会坐在书桌前气得发抖。

有一次，克罗伊和几个朋友一起出去宿营，当他听到木柴烧得很响时，突然想：这些声音多像汽灯的响声啊，为什么我却一直都没有发现呢？自此之后，每当他写作时，再听到这种声音，他就会把它当作一种美妙的声音，伴着自己的写作，让自己更加充满了灵感。

女人如海洋，既然在生命中经历过无数的狂风暴雨都挺过来了，却让一个小小甲虫咬噬，这太不值得了。人生短暂，拓宽我们的心界，摆脱琐事的困扰，站高望远，你会迎接更加精彩的人生。

学会宽容自己宽容别人

很多小事惹起的烦恼是因为自己不够宽容，不仅是对别人不够宽容，对自己也不够宽容。我们首先会抱怨别人，没有按自己的思路去做事情，其次会抱怨自己没能掌控事情的进度。有时候还会抱怨一些客观条件，觉得事情没有按照自己料想的方向发展。

一对夫妇在比萨店里吵了起来，起因是妻子想点菠萝口味的比萨，但丈夫点的却是胡椒口味的比萨。妻子开始指责丈夫，说他从来都不听她需要什么，她说她讨厌胡椒。然后她还说，她不愿意经常吃比萨，因为经常吃比萨会让她发胖。如果丈夫肯去买菜做饭的话，他们就不用经常跑出来吃比萨；然后又说，今天就让我按照自己的口味选一个比萨，难道这个要求过分吗？

这个丈夫从容不迫地喝了一口酒，看看地板，再看看菜单，最后才看着他的妻子说："这并不是比萨的问题，是不是？这是我们之间持续了10年都没有解决的一个问题！"

这对夫妇10年都没有解决的事情是什么，是这个女人对小事太计较，不够宽容，经常抓住一些鸡毛蒜皮的小事来折磨对方，以致让很多看似很小的事情复杂难解。

俗话说的"宰相肚里能撑船"同样适用于女人。如果一个女人的度量大，心态好，就不会经常为小事抱怨自己抱怨他人，她会很理智地看清自己的欠缺，宽容他人的缺点，顺利地解决问题。

宽容，不是退缩，不是无能，而是一种境界。只有洞察是非、心灵澄澈的女人才可能心平气和地面对生活中的矛盾和烦恼。这种境界，我们需要修炼，生活本身，就是这种修炼的燧石。

宽容别人，首先要学会宽容自己。当你遇到挫折的时候，自己要保持良好的心态，要有战胜困难的信心和勇气。你不小心跌倒了，不要趴在地上懊恼，应该站起来继续往前走；路走错了，不要停留在原地转圈，要迎着日月星辰，明辨方向不动摇。

宽容别人，就要给人以自信。别人不理解其实并不可怕，可怕的是我们对他们失去了信心。船不理解岸，总要离去，但岸总是等待着，永远张开宽大的臂膀。太阳不理解月亮，不喜欢她惨白的光，月亮却永远追随着太阳，当太阳落山后，她却用淡淡的柔光照亮整个黑夜……

让我们多一些宽容，少一些争吵；多一些宽容，少一些埋怨；多一些宽容，少一些猜疑；多一些宽容，少一些摩擦；多一些宽容，少一些忧愁；多一些宽容，多一片灿烂的阳光吧！

男人的付出，不是理所当然

蜜蜂从花中啜蜜，离开时嘤嘤地道谢。浮夸的蝴蝶却相信花是应该向他道谢的。

——泰戈尔

两个人的世界，无疑就是男人和女人。女人是水，需要无微不至的关心呵护，男人都能懂，也都做得很好。感情路上，多数都是男追女。婚前男人对女人百依百顺，无微不至，女人已经习惯了，所以，婚后男人对家庭的付出，也往往被错视为理所当然。

理所当然会让女人迷失自己

婚前和婚后是不一样的。婚后少了鲜花和浪漫，却多了一份责任，特别是男人，为了整个家庭，要承受很大的压力。这时候，并不是男人所有的付出都是理所当然的。男人爱女人，为了女人过得开心点舒服点，为了满足女人的心，什么都能去做。但是同时，一些女人却认为这一切都是男人应该做的，非但不去珍惜，反而得寸进尺，要他更多地去付出。殊不知，男人也是要求回报的，爱一个人，爱一个家庭，如果得不到认可和满足，他会渐渐变得疲倦的。

倩华万万想不到老公会和她离婚，当收到离婚通知单的时候，她还觉得很可笑。她和老公结婚之后一直“相安无事”，生有一对可爱的双胞胎。倩华美丽大方，是曾经的校花；她老公的事业也蒸蒸日上。在外人看来，他们真是幸福的典范。

没想到她老公铁了心的要离婚。于是倩华急了，让一个朋友去做和事佬。刚开始，倩华的朋友也以为倩华老公是开玩笑，没想到，倩华老公的一席话，让她觉得，他们的婚姻真的走上绝路了。倩华老公说：“当年我追她，承诺会照顾她一辈子，她那时候很多人追，唯独选择了我，也是因为我一直宠着她。结婚之后，她就做了家庭主妇。说是主妇，但是从来没干过活，所有的家务都等着我下班回去做。如果我回家晚了，她就会说：你婚前是怎么承诺我的？后来，我的工作越来越忙，经常回到家就筋疲力尽了，但她还是一直不停地抱怨，觉得我照顾家庭照顾得不够好。我真的要疯了，我变成了她的一个奴隶。我是承诺过要照顾她一辈子，但是在她那里，我完全看不到她对我的爱，只有对我的付出表现出的理所当然。”

一切的理所当然，让女人迷失了太多，失去得更多。男人没有那么伟大，付出了他就想要得到想要的东西。谁都有需要，心灵上的安慰，比身体上的快感更加重要。如果一个男人对你好，那你应该觉得满足才是，而千万别把他的付出当作是理所当然。男人爱女人，所以他才会选择去宠她，去为整个家庭付出，而不是理所当然；这是男人的责任，而并非是一种绝对的义务。

如果你爱他，那你就应该感激和知足，别再一味地要求对方付出更多。这是一种理解，也是一种宽容，而并非理所当然。

男人需要欣赏和理解

男人和女人的不同还表现在，女人渴望被关怀、被宠爱；而男人则渴望被欣赏和被理解。男人对女人的宠爱，对家庭的付出，并不要求女人为他做什么，而只是一句理解的话语，一个崇拜的眼神。有句话这样说：男人对女人的爱，使女人多了妩媚和灵气；女人对男人崇拜，使男人有了力量和勇气。欣赏的力量是神奇的。爱情真正的魅力在于相爱的人相互欣赏。每一个人在生活中都期待着别人的注视与关切，喝彩与赞赏。青年男女甜蜜的初恋大都由相互欣赏而来的。遗憾的是，婚后不少夫妻间的相互欣赏却日渐稀少。

林子是全职太太，她曾经常抱怨老公为家庭付出得太少，夫妻俩为之争吵不断。某次林子得了重感冒，老公陪她去看病，医生强调她不适宜接触孩子，于是照顾孩子的责任就落在了老公身上。晚上林子听到孩子哭，偷偷站在房门口看，却看到曾经粗枝大叶的丈夫抱着孩子喂奶粉，喂完了还轻轻哼歌哄孩子睡觉。林子大为感动，病好后变得温柔很多。她体会到老公是愿意和她分享生活中的艰辛的，她也从此更加理解老公。

实际上，婚姻和爱都需要经营，付出并不是理所当然。丈夫满足了自己的英雄主义之心，得到了妻子的崇拜，在她无助、疲惫、烦恼的时候，他才会更加卖力地为她分忧，觉得为挚爱的她、为幸福的家庭所做的付出，永远都是值得的。生活中，丈夫会把对方的一次欣赏的称赞、一个深情的眼神、一个会心的微笑储留在心底。妻子的几句赞美，也会调动丈夫一起做家务的积极性，尽管他做的不一定能让你满意，但是，你会觉得那是一种甜蜜，一种关怀、一种体贴、一种温馨！因此，爱在欣赏中得以提升。这就是欣赏和理解的魅力！

常怀一颗感恩的心

有人说爱情不需要回报，但是，婚姻中的爱是需要回报的。这种回报不一定是物质的回报，或许只是一个肯定或感恩。不要认为你为对方付出了一切，那就是爱情。爱情需要用一颗感恩的心去欣赏，而不是用一双忙碌的眼睛去观看。

我来自偶然
像一颗尘土
有谁看出
我的脆弱
我来自何方
我情归何处
谁在
下一刻
呼唤我
天地虽宽
这条路
却难走
我看遍这人间
坎坷辛苦
我还有多少爱
我还有多少泪
要苍天知道
我不认输
感恩的心
感谢有你
伴我一生

让我有勇气做我自己

感恩的心

感谢命运

花开花落

我一样会珍惜

就如同上面这首歌词所描述的一样，人都需彼此感恩，互相依靠，特别是爱人之间。

有位卧病一年多的女士告诉她的朋友："我总是对老伴心存感谢，而且不忘礼貌。生病是无可奈何的事情，我不能怨谁，更不能拿老伴出气，想到他为了我的病牺牲那么多，只有感谢。"也正因为妻子的态度，丈夫才尽心尽力，无怨无悔，这是感觉到受尊重，而不是被呼来喝去地在尽义务。

世上没有无缘无故的好，对你的好，全部都基于爱的基础。因为有爱，所以不存在辛苦和累；因为有爱，所以可看淡委屈和辛酸；因为有爱，才能傻傻的让你成为自己世界中的圆心。常说女人需要呵护，有时男人的内心更加脆弱，更加需要呵护。

请感恩你身边的人，因为对你好只是他们自己愿意而已。他们虽然貌似每次都在触手可得的地方，但是，人都有脆弱的时候。如果有一天，恰好你的"野蛮无理"冲撞的是他的脆弱，他可能会因此选择逃避。

随着社会的进步，时代的变迁，涌现出了一大批优秀的女性。聪颖、智慧、时尚和干练已是现代女性的典型特质。她们当中有叱咤风云的政坛人物，也有机智敏锐的企业家……她们以崭新的姿态旋转在人生的舞台上。但作为女人，一定要懂得感激男人的付出，只有这样，才能成为一个真正智慧的女人。毕淑敏曾说过："智慧是优秀女人贴身的黄金软甲，是女人纤纤素手中的利斧，可斩征途上的荆棘，可斩身边的烦恼。"智慧是阅历、经验和感恩三者的统一，智慧的女人是无往不胜的。用自己的智慧来营造一个温暖、舒适的港湾，感恩爱人的付出，让他以此为荣，何乐而不为？

男人婚前婚后总是判若两人

女人最美的不在于外表，而是由心中散发出的包容与可爱。

——席绢

婚姻，若非天堂，即是地狱。婚姻是把双刃剑，为了应对它的必然性或偶然性，时刻都要做好心理准备。男人似乎是变脸高手，一会儿阳光灿烂，一会儿阴森恐怖。“男人恋爱前像猎狗，恋爱时像哈巴狗，结婚后像狼狗。”这是对男人婚前婚后变化的形象比喻，虽然说法有些夸张，但反映了一种现象。

婚后男人风云突变

对于男人婚前婚后的变化，有人这样说：

结婚前，男人说的话对女人来说是一言九鼎；结婚后，女人对男人说的话是一言九“顶”。结婚前，男人和女人是天涯若比邻；结婚后，男人和女人却比邻若天涯了。

结婚前，男人是个语言家，面对女人总是无话不说，全为讨得其欢心；结婚后，男人是个思想家，面对女人总是一言不发，生怕会引火烧身。

结婚前，男人希望天天都是情人节，自己可以极尽浪漫之能事，大献殷勤；结婚后，男人希望永远废除情人节，自己可以不费任何口舌，安心睡觉。

结婚前，男人的最大敌人是钞票，为了满足女人要求，不惜将它们全部消灭；结婚后，男人的最大敌人是女人的消费欲望，为了偷存几个私房钱，不惜冒着被女人口水淹死的危险。

恋爱时，男方女方各据一方，因此盼望见面的欲望极其强烈。由于十分渴望见到对方的音容笑貌，他们才希望双方始终厮守在一起。然而，一旦两个人生活在一起，共同加入到由国家法律保护的“婚姻”制度后，精神上的兴奋感和盼望见面的迫切感便理所当然地烟消云散了。

阿梅是去年五一结的婚。老公追她的时候她是有男朋友的，但经过后来一段时间的交往，她终于折服了，被她老公追到了手。当时，他天天一把一把的玫瑰往单位送，天天来接阿梅下班。婚后还不到一年，阿梅每次提出来要跟他去旅游或外出玩玩，他就总是推脱说工作忙没时间。阿梅怎么也不能理解，婚前追我的时候百般献殷勤，结婚后，追到手了，就不珍惜了？

所谓结婚，充其量不过是日常生活的回归。在这种生活中人们不可能老是为了对方而注重自己的形象。年轻人对婚姻家庭充满浪漫和幻想，而一旦进入家庭这个“围城”，柴米油盐等具体问题接踵而至，由于思想准备不足，常常措手不及。恋爱时所有的浪漫、激情和美好，突然间烟消云散，呈现在眼前的是单调、死板和机械的生活，令人乏味和失望。在婚前，无论男女都是尽量表现自己优秀的一面，一旦结婚共同生活后，就开始暴露出各自的“庐山真面目”了。男人追求恋人时，为了赢得芳心，竭力展示自己的优势，而缺点则能藏就藏，能装就装。结婚后，已经木已成舟，生米煮成熟饭，男人再也不怕鸡飞蛋打了。

不要对男人期望太高

日本学者研究指出：“一个人在恋爱之际和结婚之后判若两人，无论男女都是如此，不管是谁。这并非他隐瞒自己，也不是他在欺骗对方，因为人类具有很难把握的一面，心理学家把这种现象称为角色隐瞒。”而女人在情感上不仅敏感，而且都有浪漫情结，希望男友成为老公后，依然如婚前那样体贴、温柔和浪漫。婚前，男人遇上了心仪的女人，会倾尽全力追求，情意绵绵说爱你，百依百顺讨你喜欢，你说向东他绝不向西。对你献殷勤讨欢心，上班下班为你当牛做马，不管你走到哪里，他都会像苍蝇一样绕着你飞。但结婚后他们却好像变了一个人，婚姻对他们来说好像一个牢笼，对于崇尚自由的男人来说，那是一种人身和精神的双重束缚。

年轻的女性正因为没有尝试过婚姻的滋味，才对真爱抱有过高期待。她们热恋时以为只有这样才是真爱，并相信自己“终生会维持这种爱”，为了永远抓住真爱，她们渴望结婚。俗语说“金无足赤，人无完人”，世上没有天衣无缝般的完美婚姻。婚前莫将对方理想化，婚后也不要“以一概全”。

从本质上讲，男人和女人都没有变化，还是原来的那个他（她），只是人们对婚姻期望值太高，以致大失所望。表面看，有些男人婚后确实发生了让妻子难以接受的变化，其中的原因多种多样：也许在家夫妻磕磕碰碰，让男人心里烦恼；也许婚后女人自己也变了，不再是从前那个娇柔可人、善解人意的女孩，而变成了一个唠唠叨叨、苛刻挑剔的少妇，让男人感觉陌生和无所适从，因此不愿回家受罪。这都是环境变化引起的，并非男人本意。也许男人本性就有这种习惯，只是婚前没有被女人发现。

其实，美满和谐的婚姻是双方营造的，缺一不可。如果不能够成全，又有什么存在的意义呢？到最后欺骗的还是自己，所以说一定懂得包容，不要对婚后男人过多期望与苛求。

婚前多了解，婚后多包容

据调查发现，大多数的女人都一致认为，男人在婚前与婚后是两种不同的人格表现。在婚前，男人对女人的话什么都愿意听从，并且，很有耐心哄着、宠着女人。婚后，男人就会觉得说甜言蜜语是没意思的，也没动力没心情去说，慢慢地会长话短说，短话不想说。

在追求女人的过程中，男人更是有着大无畏的精神，一副愿意为女人上刀山下油锅的义勇壮举，无论去哪里，无论去何地，只要女人吱一声，准能到，准愿意相伴相随并视为受宠若惊，做什么都愿意。说是说得好听，一旦女人追到手成为他的妻之后，叫他去洗个碗他都可能不理你，这就是男人。

恋爱时为了真正地取悦于对方，男人们对女人们极尽温柔之能事，不惜费时费力以博芳心。然而，结婚后，她已成了自己的人，因此，不用做些诸如带妻子去餐厅、送礼物、出门旅游之类的浪漫事了。的确，婚后风云突变的男人比比皆是，并不能说一切都该归罪于结婚。

张女士和老公蔡先生在朋友聚会上认识。那时，蔡先生表现得很好，只一起吃过一顿饭，就记住了张女士的饮食喜好。在日后相处的日子里，蔡先生表现得特别勤快，并总能给她惊喜，让她处处感受到他的好。可两人结婚后，蔡先生就像变了一个人。比如说做饭吧，婚前她负责洗菜、做菜，他负责洗碗。可结婚后不到一个月，他就由原来的每餐都洗碗变成了等家里的碗全用光了才洗。后来，干脆连把衣服放进洗衣机这样简单的家务也不愿做了。

后来，蔡先生回忆说：当年他毕业后住进单位宿舍。与张女士相识后不久，她就帮他清洗藏在床底下的脏衣服和臭袜子。当时，他有些不好意思，但她笑着说，她哥哥也是这样的。从此，他拼命追求她，并终于娶她为妻。可是婚后他才发现，她疑心病特别重，看到他跟其他女性说话，就要刨根问底。特别是她怀孕以后，万一要是他哪句话说得不对，她就变着法儿地套问，直到他求饶认错为止。因为担心妻子生气动了胎气，他只好选择少说话甚至尽量不说话。

当自己在面对恋爱和婚姻中有不确定的因素的时候，不妨再看清楚一下，双方再相处一两年，多些了解，直至让自己很清楚地知道这个人要不要得。如果只是觉得迷茫，那多给大家一些时间，让大家都对这段感情有更清晰的认识。不要急着步入婚姻中，这是对自己负责也是对整个人生负责。

结婚之后，面对老公的变化，想想是不是自己也发生了变化，他的那些变化是不是由自己引起的，而不要一味地指责、抱怨。要想保持真爱，必须夫妻双方共同努力。两个人都要保持宽容的心，既然选择了对方，都要容纳对方的缺点。既然他在你面前表现出他的缺点，这说明你让他自由无拘束。婚后多体谅对方，婚姻才不会变成爱情的“坟墓”。

男人婚后就变懒，你不必纠结

人家说女人是半个男人，这话是不错的。因为结婚后的男人只剩下半个男人了。

——罗曼·罗兰

已婚女性都有这种感觉：老公结婚以后变了。关于已婚男人的传说有很多，其中传播最广的一个是这样的：男人谈恋爱时可以早起一个小时为你买早点，结婚后却懒得连酱油瓶倒了都不愿扶。这让众多女同胞们有了婚姻恐惧症。

婚前灰太狼，婚后懒洋洋

多数男人在结婚前主动包揽脏活重活，是因为要讨丈母娘和未婚妻的开心，需要主动表现出自己勤快的一面。结婚之后，老婆追到手了，整天柴米油盐酱醋茶，生活失去了激情，也失去了动力，这几乎是所有已婚男人的变化。你已经是内人了嘛，没必要这么端着。大家舒服一点，不用时刻收拾时刻清洗。这是很自然的。除非男人不把你当自己的女人，或者这男人本身就有洁癖，否则所有已婚男人都有这样的变化。

恋爱，让男人努力佯装完美。婚姻，又会让男人回归本质。男人婚前抢着做家务，婚后直接当大爷。想结婚的男人们个个都有献殷勤的动力，却未必有天长地久的耐力。男人在结婚之前，偶尔还是会自己动手收拾东西；男人在结婚之后，多数不再收拾东西，而是看着自己的女人收拾，自己在一旁乐。婚后男人不但在家务方面减少劳作，甚至打个电话发个短信也开始偷工减料。

有一位女士这样抱怨：我和我老公通过别人介绍认识，婚前他表现很好。刚结婚时感情也还不错，他很体贴。可过了一段时间，特别是孩子生下后，他好像换了一个人。他一有时间不是出去玩就是在家上网，从来不管孩子。从结婚那天到现在他没有煮过一次饭给我吃。有好多次我回娘家了，饭碗没有洗，等我过几天回来那些碗还摆在那里没有洗。我不知道他怎么变得那么懒，没有结婚的时候他不是这样的。那时候他什么都做还很细心，可是结婚后却变了。

男人结婚后变懒了，一是有可能被女人惯的，二是有可能以前的勤快就是装的。结婚前，你觉得他是一座山，婚后却发现他运转失常。于是，你不得不提醒他“该做些什么”。渐渐，你发现自己越来越像他老妈子。尽管你一再声明，你是为了他好，为了这个家。可任你说到中风，他依然死性不改，还恶人先告状地给你扣上一顶帽子——唠叨，这的确很气人。

不要做惯坏老公的“勤快女人”

很多“好妻子”都以温良贤淑的面目示人，还处处以“男人在外打拼事业，女人在家保障后勤”的原则来要求自己。于是，她的男人每天都有干净袜子和衬衣穿。甚至老公回家不习惯换鞋，妻子也不过是拿来拖布多擦几次地板而已，并不强迫他改变习惯。于是，女人就越来越勤快，男人就被惯得越来越懒。

淑芬和志鹏刚结婚时，因为觉得妻子做的饭不好吃，志鹏总是抢着做饭，来了客人也多是他亲自动手，客人对他的厨艺赞不绝口。自从志鹏更换了新的工作岗位后，经常要出差陪客人，家务几乎就全落在淑芬一个人身上，儿子也渐渐地照管得少了。不太会做饭的淑芬也慢慢做得像模像样了。后来，志鹏便成了“客人”，每次回来什么都不做，甚至到了衣来伸手饭来张口的地步。甚至淑芬上班不在家，他也想方设法地逃避做饭，去餐馆或是朋友家解决温饱问题。有次志鹏回来，吃完饭，便躺在沙发上看电视看报纸。等妻子收拾完厨房走到客厅，他懒洋洋地说：“老婆，给我倒杯茶。”直到这个时候，淑芬才觉得他真的好奇怪，怎么变成这样了，看来老公完全被她惯坏了。

如果你埋怨你的男人懒，他的懒也许都是你这个好女人给惯出来的，“好女人”应该意识到：你不是这个家的保姆，不是电饭煲，不是全自动洗衣机。因此，想一想你是不是下面这样的好女人，好老婆。如果是，你要注意，你的男人已经被你宠坏啦。

（1）早上他窝在被窝里迟迟不起床，你一大早就起来。不管多热多冷的天，你都要坚持起来给他做早餐。他只是负责吃完，待他吃完你还要收拾残羹剩菜。

（2）他一回到家就是倒在沙发上不停地看电视，而你呢，下班回来就要系上围裙给他烧菜做饭。

（3）他洗澡后，是你负责打扫浴室。

（4）头天晚上你会把他第二天早上要穿的衣服整洁地放在床头，放在他触手可及的地方。

（5）他烂醉如泥地回到家，你还要为他宽衣解带，连哄带劝怕他凉着冻着，帮他盖上被子，呵护备至，疼爱有加。

（6）家里柴米油盐酱醋，他不知道何时没有不知道何时新添。这一切只有你一个人知道这个该买啦，那个该换了。

（7）他和孩子身上或换或添的衣服你全全搞定，不用他和孩子操一分心。

是爱人就有爱与被爱的权利，不要觉得家务是你一个女人理所当然去做的。否则，久而久之你的付出在他眼里就被认为理所当然，你一天不做他都不习惯。所以，如果你的男人这么懒，那就快点改变这个被你宠坏的“懒男人”吧！

勤快男人是调教出来的

家务活是女人的，也是男人的。如何让他心甘情愿去做，做得又多又好，应该成为女人的必备知识。女人只有学会了调教男人，才算真正把一生的幸福捉到手了。智慧的女人一定要记住这样一句话——再好的男人，也是需要教化的；只要管得好，管得妙，没有男人会真的懒惰一辈子。那么怎么调教男人呢？

首先，要表现自己的娇弱。查尔斯·李德曾经说：一个女子最能使人心醉的迷人之处，莫过于在一个男子汉大丈夫的胸怀前表现出来的娇弱。女人的娇弱永远是对付男人最有效的武器。男人，毕竟还是心疼自己老婆的，只不过他们天生懒惰。要是女人没有显示出她们柔弱的一面，男人便不会去主动承担责任。有时候，你得学着把家务转嫁给他。比如：“老公，我这几天身体不舒服，不能碰凉水，那几件衣服你帮我洗一下好吗？”你说他还好意思不去洗么？所以，女人要善于表现自己柔弱性的一面，不要表现得自己是个“万事通”，大事小事全部包揽。

其次，要学会撒娇。男人总是希望能保护自己心爱的女人，望着面前娇小柔弱需要帮助的女子，他们怎么也不会坐视不管。都说上海男人会做事，因为上海女人会发嗲。江南女子那种娇滴滴的样子，吴哝软语，的确能让男人产生一种保护的欲望，男人们自然脏活重活都抢着干了。

再次，要潜移默化地改变他。要让他明白，老婆是用来心疼的，宠爱的，而爱老婆就要爱家务！树立他的家庭文化观念，让他明白——好男人就是要做家务。经常给他洗脑，告诉他现在流行的就是居家型好男人。男人是大孩子，哄着他高兴了，他就会乐意做一切。

最后，还要适当赞扬。要让他感觉到做家务是一件值得骄傲的事。他做家务时你要关怀地问他："老公，你累不累，喝点水吧，擦擦汗！"或者说："老公，你做的辣子鸡真是一绝啊！"如果是清洗卫生间，你就得夸他刷马桶的样子很有男人味。这样，他就会觉得干家务原来是件让人骄傲的事，以后不用你喊他就主动去做了。而且，你要不时地对外宣传他是个会做家务的好老公，在这样的荣誉和光环下，他肯定得尽心尽力维护他的光辉形象了。到时候，你就可以偷着乐了！

抱怨，是婚姻的致命伤

我们不应当总是在抱怨自己是受害者，说他人如何不了解我们，而是要积极地去思考我们如何更好地被了解。

——丁文嘉

再没有比一个唠唠叨叨、成天抱怨的女人更让人退避三舍了。抱怨是一些女人的通病，从女孩到女人，从少女到少妇。不同年龄阶段的女人的行为在男人看来是截然不同的。比如，在男人的眼中看来，少女撒娇时的可爱，在少妇身上便成了撒泼。婚姻让一个说一句大声的话都会脸红的女孩变成一个喋喋不休的女人。比如，女人抱怨老公不会挣钱，抱怨领导做事不公，抱怨儿子不争气。男人晚归，女人不停地追问你去哪里了，男人总是一句话“在外面应酬”。此时女人会打破砂锅问到底：是跟男人在一起，还是跟女人在一起？一直在抱怨中长大的女人往往总是不快乐，然后就更多了一些抱怨，导致许多女人慢慢成为怨妇，以至于有些男人情愿在网吧睡觉，也不愿意回到家里听女人抱怨。

抱怨让自己不快乐

女人，从是小女孩的时候就开始抱怨没有哪个小朋友玩具多，做了小学生也会抱怨老师又向着谁了，做了中学生又会抱怨没有哪个同学的衣服漂亮，上了大学又会抱怨男友没有人家的好。

人生是一个漫长的过程，活在人世间都会有很多经历。每个人都希望生活在公平的世界里，但那永远是不可能的，因此要少些抱怨，抱怨的结果只能是带给自己不快乐。其实生活原本就是这样，酸甜苦辣尽在其中。有人感觉甜蜜，一路上充满欢声笑语；有人感觉苦涩，哀叹艰辛和无奈；也有人陷进酸楚，独自叹息。不见得是谁比谁幸运多少，全在于我们如何看待，如何把握。

单纯的人会认为只要我努力了就会事业成功，就会家庭美满，而一旦与自己的想象不同，就会去抱怨。那是还没有想明白人生。人的事业成功，人对金钱的取得应当是由自己的努力和机遇构成的。所以女人只有想明白了，才会有快乐的人生。聪明的女人应当时刻想到人生的目的在于快乐，而不只是被目前的不满占据整个心灵。

人生有四季，气候有冷暖。人活一世，谁能事事如意？人生苦短，如白驹过隙，过得健康、幸福是女性的基本权利。所谓万事如意，不过是一种美好的祝愿。面对挫折，抱怨是最没有意义的行为，不但解决不了任何问题，反倒会为我们带来负面影响，到头来，抱怨者反而成了抱怨最大的受害者。我们苦苦寻觅的所谓快乐，其实就在身边，只不过追逐的目光和惯性的抱怨使我们不懂得欣赏已拥有的幸福。

抱怨，是对婚姻的伤害

世上本就不存在十全十美的人和尽善尽美的事。当爱恋中的激情在平庸的凡人世界中，渐渐消逝成为往日情怀，这时候，就需要宽容，婚姻中男女双方要学会用容忍的来面对生活。婚前的许多经历总会放大男人的优点，生活在了一起却看到了他的缺陷。相爱容易相处难，神仙眷侣是非常少的。成功地维系婚姻，对于女人来说，是对智商和情商的双重要求。在婚姻中一定要着眼于处理各种关系和问题，而不是抱怨。抱怨，对婚姻是很致命的伤害。

男人总是本能地需要温柔和热情的女人。聪明的女人要先把自己看成一个女人、一个人，她在情感的逐步成熟过程中，不应该要求去支配别人或者过分抱怨。聪明的女人不会对结果有太多要求。

桃乐丝·狄克斯曾写道："对一个男人的婚姻幸福而言，一个女人的脾气和性情，比任何事情都重要。如果她脾气暴躁、性格乖张、挑剔抱怨，即使她拥有全天下所有的美德，也是无济于事。很多男人没有获得成功，原因是他的太太总是对他泼冷水。她们无休止地抱怨，动不动就责怪自己的丈夫没有本事，为什么她认识的某个男人能赚到大钱？要么就是他为什么不能写一本畅销书？为什么谋不到一个好职位……娶了一个牢骚满腹的女人，做丈夫的怎能不愁眉苦脸！"

为什么男人总喜欢比较笨点的女人，而很讨厌那些聪明、好强的女人？许多雄心勃勃地同男人较着劲的女人并没意识到，如果女人本能地需要通过某种行为来证明自己并非"第二性"，试图说服男人，其实，她已经吓到了那个他，可能会让男人逃开，去寻找另一个更安全、顺从的伴侣。

有一位青年，从事出版行业。由于竞争太激烈，他没有得到很好的机会，所以一直都不太顺心。他渴望安慰和体谅，来维持自己的斗志。但是他的妻子非常要强，经常抱怨老公没有买大房子，没有上进心。他经常受到妻子的指责和嘲笑，所以变得情绪更加低落。

他的妻子已经完全腐蚀了他的自信心，他开始对自己的工作失去了信心，感到未来一片渺茫。后来他失业了，不久妻子就和他离了婚。

如果懂得爱，那你应该先学会尊重对方，而不是一直让对方满足自己的期待，且一旦没有满足自己的期待，就喋喋不休地抱怨。当你终于学会了用观察、容忍和尊重的方法面对坎坷，你会越发地珍爱对方。"爱"的基础其实正建立在彼此间的理解之上。

男人和女人就像鞋与脚。脚是鞋的爱情，一生向往不离不弃；鞋是脚的婚姻，时时为他挡风遮雨，即使让自己磨碎耗尽，也从不抱怨。

做个不抱怨的女人，让幸福掌握在手中。

聪明的女人会平抚骚动的情绪

女人不要抱怨，只有不抱怨的女人才会快乐、开心，才会青春永驻。女人不要抱怨，要懂得平抚自己骚动的情绪。给好朋友发一条关心的短信，没有得到回复，不要抱怨；找朋友吃饭人家说有事，不要抱怨。静下心来想想，人有时更要理解朋友。没有回复电话、短信那是朋友有更忙的事情；不和你一起吃饭也可能是朋友有更重要的事情或者提前和别人有约。不能总去感觉自己的地位很重要，每个人都有自己的事情要做。

生活对于每个人都是公平的。聪明的女人不钻牛角尖，懂得用轻松的心面对生活。世上没有救世主，我们自己才是能够拯救自己的上帝。

一个人的快乐，不是她拥有多少，而是她知道自己拥有多少。从现在开始请停止抱怨，学会调节心理平衡，别给自己制定过高的目标，时刻保持放松的心情，把注意力转到让自己快乐的事情上来，该忘记的别记住，该记住的别忘记；冷静地应对各种变化，化逆境为顺境，变压力为动力，为自己的灵魂找一个快乐的出口。为自己创造一个积极、宽松、和谐的生活环境，不管遇到什么问题，抱着“车到山前必有路”的潇洒气度。慢慢你会发现，给生活一个微笑，生活会还你一个安慰。有了这种态度的女人才不会为生活的得失而较真，不会为芝麻大的事而愁肠百结。只有这样的女人才有资格享受爱的幸福。

减少抱怨的声音，多点理解关爱；减少粗鲁的谩骂，多点柔情蜜意；减少无理的指责，多一点真诚的赞美。智慧和修养是女人一生的化妆品，就算老，也会一路优雅地变老。

不装大方，过日子就要会算计

钱币是圆的，所以容易滚走。

——托里安诺

对于单身的年轻人来说，一人吃饱全家不饿，三朋两友逛街喝酒也是正常的事。如果是个小白领，还能经常去咖啡店体验一下小资生活，买一些好看但不实用的东西，出门打出租，生活的事情不做太多考虑，反正自己过得舒服就行，有多少花多少，不计成本。这一切都会在婚后开始有了变化。怎样经营一个家，怎样能让自己的家变得温馨幸福，怎么支配收入，怎样算开销，每月存多少钱？这才是实实在在地过日子。

不装大方，攒到了就是赚到了

婚姻的幸与不幸，有相当一部分是和婚姻经济状况有关的，而其婚姻经济状况又多半和婚姻理财模式有着很大的关系。男人赚钱后把钱交给女人，然后由夫妻两人合计着家庭计划和开销。古人有言“男人摇钱树，女人聚宝盆”，其中说的就是，一个男人再有能力再会赚钱，终究还是要有一个懂得过日子的女人在家里帮他操持和打理，这才符合夫妻婚姻经营之道。

一位懂得过日子的女人，一位勤劳又精明的女人，才能用有限的工资过上充实的生活。

跳出传统家庭的狭小圈子，女人不仅要会赚钱，更要会管钱、花钱。一位懂得过日子的女人，一位勤劳又精明的女人，才能用有限的工资过上充实的生活。

正如英国作家狄更斯在小说《大卫· 科波菲尔》中塑造的一个人物米考伯先生所说：“一个人，如果每年收入20镑，却花掉20镑6便士，那将是一件最令人痛苦的事情。反之，如果他每年收入20镑，却只花掉19英镑6便士，那是一件最令人高兴的事。”可能大家都明白这个道理，不就是节约吗？就像吃蛋糕，蛋糕吃完了就没有了。但是知道是一回事，能不能做到就不好说了，生活中不乏懂这个道理的年轻夫妻，却在实际生活中过着东拼西凑、拮据的“月光”生活。

做个懂生活的女人，不要为了装大方而让自己痛快一时，痛苦长久，让生活过得紧紧巴巴。不攀比，不浮夸，女人做好家庭理财才是家庭建设的硬道理。旧衣服可以再穿一穿；手包可以暂时不换新的；食物健康就好，不必太讲究；房子小了点，爱却浓了些；自己可以动手的不去雇别人，既可省钱，又能在共同劳动中提升家庭幸福度。有道是，开源节流、量入为出。不但要会赚钱，更要会攒钱，会理财。如果这里省一点，那里攒一点，存起来，加上利息，财富自然就会不断增加。

钱是永远赚不够的，关键在于你是否能驾驭它。很多人都知道“以钱滚钱，利上加利”，却没有多少人能体会它的威力。古人云：“君子爱财，取之有道；君子爱财，更应治之有道。”这里说的“取”就是赚钱，“治”就是理财。男人赚钱能力再强，如果女人不会理财，到了晚年也会两手空空。女人对家庭的收入应该好好计划，哪些地方需要支出，哪些地方需要节省，每月做到把收入的1/3或1/4固定纳入储蓄计划。储备额虽占工资的小部分，但从长远来算，一年下来就有不小的一笔资金。对于大额支出，超支的部分看看是否合理，如不合理，在下月的支出中可作调整。开源节流，放弃暂时的快乐，换得人生长远的享受。股神巴菲特有一句关于理财的名言：第一，绝不浪费金钱；第二，牢记第一点。滴水成河，聚沙成塔，就是这个道理。

精打细算，会“抠”才是门道

有一句老话是这样说的，吃不穷穿不穷，算计不到就受穷。结婚之后，你会发现，处处都会用到钱，如果没有理财计划，钱不知不觉就付诸东流了。聪明的女人会精打细算过日子，懂得适当的“抠”。当然，“抠”并不是要做葛朗台，而是要会算计，不该花的钱绝对不花。

小霞是一名银行的普通员工，她前几年就结婚了，并且已经有个两岁的宝宝。她说：“结婚前，我的生活都是相当奢侈的，总是觉得钱留着还不如趁年轻的时候好好享受一下生活。购衣服、买化妆品和一些随意消费，使我成为典型的月光族。但是结婚后特别是有了宝宝后，我觉得应该精打细算，不能随意花费了，于是开始不买奢侈的连衣裙，而是自己用心搭配；不去吃西餐，而是自己精心准备食物。两年之后，我们存折上的数字竟然突破了2万元大关。这些事实足以证明，我确实有极高的‘财商’。‘廉价理财’让我们的日子过得开开心心，舒舒服服，而且红红火火。”

类似小霞的例子很多，很多女人婚后开始变得节俭，她们通过对钱的斤斤计较，使自己的生活改善了，甚至比同龄人更早买到车和房子。

“节俭不仅仅是美德，更是一种成功的资本，一种核心竞争力。在微利时代，只有节俭的企业有生存发展的机会。”这是《节俭精神》一书给企业家们的提示。

如果你把婚姻当作企业一样经营的话，那就是“只有节俭的女人才能让一个家庭越过越充实富裕。”

少花钱多办事一直是门高深的学问。在不影响生活品质的情况下，花最少的钱来获取最大的愉悦，你会发现，这会让省钱的过程和细节都情趣盎然。抠门也是一种艺术，是为了让生活过得更好的一种明智选择。

合理理财，做好理财规划

在物价暴涨的年代，面对高房价，很多80后夫妻在自己工作的城市全额买房根本不可能，甚至有时候得掏出双方家人的老底才能勉强凑齐买房的首付款。可是还是有很多人认为借钱是一件很不光彩的事情，更认为每月白白给银行那么多利息太不值，都想着节衣缩食，早日还贷。其实做一个生财旺夫的女人也不难，只要用心去经营家庭、经营生活、合理理财。下面是一些理财的小技巧。

养成记账的好习惯。很多人搞不清楚钱到底花到了哪里，总是觉得钱好像忽然就没有了。只有养成记账的习惯，才能搞清楚自己收入多少，花销多少，并能看出哪些地方可以节省。可以下载电子记账本，每笔花销都有明确的地方，也能明确生活中各块的支出，以及不同阶段的支出重心。

积少成多，要开源节流。买个计数存钱罐，将日常零碎的钢镚存入存钱罐，随着数目的增加，积少成多。可以到网上买打折的衣服，如果在品牌店看到喜欢的，价格合适的话，就在网上买，网上买的会比店里的便宜几十元；收集优惠券，打折优惠券，从超市的VIP卡到各种生活用品的返利优惠券，再到各城市出差消费时要用到的餐饮消费和住宿打折卡，都可以省不少钱。

定存：老公和自己的工资发了之后，留下本月的必要消费，然后将剩下的50%左右全部存入银行定期两个月。这样的好处是强制储蓄，时间短，效益快，而且两个月就可以完成一个循环，会有复利的。才开始理财的主妇们可以用这种办法，坚持一年时间，就会有不少的收获。

聪明的女人要好好利用口袋里面的钱，精打细算。另外在专注家庭的同时，也要多修炼理财内功和金融财经知识，在不断提高家庭生活品质的基础上保证资产稳定增值，逐渐为家庭创造更有品质的生活。

好日子不是比较出来的

我不和别人争，谁和我争我都不屑。

——杨绛

在这个多元化的社会，好多女人为了名或利，为了得到肯定或者羡慕，急于和别人比较，看别人有房有车，于是就每天疲于奔波，透支着健康，要买到属于自己的房和车。她们无暇感受四季轮回的优美风景，感受不到家庭的温馨和宁静，感受不到生活的快乐，只想比较自己拥有什么和别人拥有什么。可是好日子不是比较出来的，如果一直抱着比较的心态生活，那么，即便拥有了豪宅和名车，拥有让人瞩目的社会地位，也照样与幸福无缘。幸福就是感受生活的幸福，知足并快乐地生活，不去攀比，踏实地过好自己的日子。

生活是自己的，不要盲目攀比

每个人都会或多或少的爱慕虚荣，特别是女人。在每个人眼中都想让自己比别人强。但是有的人这种欲望强，有的人这种欲望弱。在现实生活中，攀比的人大有人在，他们整天把自己与这个比比，再与那个比比，比过来比过去，到最后会让自己遍体鳞伤。俗话说，人比人气死人，就是这种情况。没有幸福的才会比较幸福，真幸福的人哪有时间去比较。好日子不是比较出来的，而是过出来的。

在《武林外传》里，佟湘玉与韩娟是从小长到大的好姐妹，可是她们却也是从小比到大的。在她们眼中，什么都能比，比穿衣、比吃饭、比学习、比富有、比老公。佟湘玉曾经说过，哪个人没有一点虚荣心啊！到最后各自吹嘘自己的老公，弄得两败俱伤，闹出了不少尴尬事。

很多女人喜欢攀比，是因为面子，总是有高人一等的心态，总是想得到对自我的肯定。从出生的那一刻起，每个人都生活在一个完全不同的环境中，即使在同一环境中，经历也不是完全相同的。这种情况下，没有比的必要！有的人从小就生活在一个富有的家庭里，而有的人从小就生活在一个贫穷的家庭里，这样两个人的差距从出生的那一刻就有了。就像佟湘玉和娟儿，她们各有各的幸福，各有各的不幸，没法拿出来一一对照。所以，丢下面子，放开心态，按照自己的生活方式生活，活出自己的风格！

无论贫或富，我们都不必和别人攀比。过好自己的日子，享受生活带来的快乐，努力进取，生活才会有滋有味。房子不需大，觉得温馨就好；爱人不需完美，工作顺利就好；儿子不需要是天才，健康可爱就好；事业也许毫无起色，但在忙碌的过程中找到自己的价值就好。日子是自己的，不要为了面子被迫为“奴”——房奴、车奴、卡奴、孩奴，在自己允许的范围内消费，自己“有多大的荷叶包多大的粽子”，不能硬包，否则，就露馅了！

对于生活，不卑不亢，不去和别人攀比，远离嘈杂声，远离浮躁，珍惜每一天，相信幸福就会时时来敲门！

和自己赛跑，关起门来过日子

日子是自己的，你用什么样的态度对待生活，生活就用什么样的态度对待你。你觉得处处是鲜花，生活就会美好如意；你觉得处处是欺骗，生活就会和你开玩笑。没有必要和别人比较，参照物越多，越比越自我感觉渺小，越比越觉得自己越没钱越寒酸，越比越自我认为权小位卑。长此以往，自己把自己逼到死角，走不出心里的阴影。

很多女人都很要强，喜欢跟他人攀比。这样做无非是给自己增加不必要的压力和不必要的烦恼。沐浴着和煦的春风和温暖的阳光，我们没必要去与他人攀比什么。人跟人是不能比的，因为你是你，他人是他人。一个家庭和一个家庭也不一样。做自己能力范围的事可以说是最实在的了。如果你非要跟别人攀比的话，那么你就要付出一定的代价，最后你收获的可能全是烦恼。

阿娟和阿红是一对好朋友，以前大家相处很好，阿娟先谈恋爱。那时大家经常一起出去玩。后来阿红认识了现在的老公。从那时候开始，如果她们一起逛商店，阿红买的东西比阿娟的贵，或是男友送的礼物比她男友送的礼物好，阿娟回家就会找男友索要，或是吵架。她男友无法满足她，只好逃跑了。

俗话说，人比人气死人。嫉妒心强的女人不喜欢别人生活得比自己好。当看到别人幸福时，她就会更加痛苦。如果不是关起门来过日子，让家里的人走出去，或者放外头的别人进家来，难免会碰出火花，心里可能不平衡。其实，家家都有一本难念的经，只是微笑背后的忧伤隐藏着，旁人一看，就见着好的了。人往往喜欢拿人家的好比自己的差，这一比，就比出遗憾，比出羡慕和嫉妒。

关起门来过日子，觉得日子也蛮好。意思不是说不要上班买菜，是不要红杏出墙，也不要拈花惹草，更不要招蜂引蝶或者放进来一只黄鼠狼。而是要一天天有变化，一年年在改善。做自己，过属于自己的生活，做自己想做的事。

自己的命运自己把握，自己的道路自己行走，自己的日子自己过。是好是坏，是苦是甜，心知肚明。还是快乐一点吧，给自己的人生打个高分！

不要羡慕别人，懂得欣赏自己的生活

星云大师说：“人生的道路，无论是崎岖或平坦，都要靠自己去走；人生的滋味，哪怕是酸甜或苦辣，也要自己品尝。”所以，不要羡慕别人，懂得欣赏自己的生活，才能让自己活得随心所欲。比较是我们心灵动荡不能自在的根源，也使得大部分的人都迷失了自我……和高人比较，使我们自卑；和漂亮的人比较，使我们丑陋。

我们为什么整天总是喜欢追随别人的脚步呢？在这个世上，每一个人都是独一无二的。不可能每一个人都成为赫本，也不可能每个人都是梁洛施，但是那并非意味着她们就很幸福。因为你不能够成为她，而同样她也不能够成为你，你们的存在都是独一无二的。

相传，从前的非洲富婆出门时要戴上 30 多斤重的铁环，用蹒跚的步态与大步流星的穷人区别开来。那种“稀里哗啦”的铁环声掠过穷街陋巷时，都会引来大群的穷女人们的啧啧赞叹；而富婆们看着穷女人的轻松自如，心里也都羡慕不已。她们彼此都认为对方活得比自己快乐。

人生最大的遗憾，莫过于和别人比较。相貌平平的人喜欢与漂亮的人比；家境贫寒的人喜欢与一掷千金的老板比；普普通通的人喜欢与事业有成的商界名流比。外来的羡慕障蔽了自己心灵原有的馨香。和别人比较，只会让自己的身心疲惫；而和别人分享，则会让自己充满快乐。懂得欣赏自己的生活，才能让自己活得随心所欲。生命是自己的，生活也是自己的，不要把太多的时间浪费在和别人的比较上。每个人都有令人羡慕的东西，也有自己缺憾的东西，没有谁能事事如意。如果每一个人都学会了这个简单的艺术——不与别人比较，充分欣赏自己的生活，那么我们一定会有一个更美好、更快乐的人生！

贤妻良母也需要善解风情

女子就像一把竖琴，它仅仅向懂得如何弹拨它的艺术大师吐露美妙曲调中的奥秘。

——巴尔扎克

你是不解风情的贤妻良母吗？为什么很多女人既生了孩子，还伺候了丈夫，却没有得到婚姻的善终呢？很多所谓的贤妻良母却被丈夫的情人挤了下去。除了现代社会的风气不正之外，这里边还有一个重大问题。女人自己由妻子变成了妾，没了思想，整天围着丈夫孩子转，忘记自己也是人，也是有学历有思想有追求，也是有七情六欲的女人。

男人喜欢解风情的女人

男人喜欢性感的女人，性感不只是指身体上，还有个重要指标就是解风情。性感从女人的语言、心态、做事风格、气质都可以表现出来。不同的女人有不同的味道，很多男人认为解风情的女人是最有女人味的。有很多女人在婚前表现得风情万种，可到了婚后，便觉得都没有必要了，于是变成一个家庭的免费劳动力，任劳任怨。等到老公出轨后，她们便不能理解，愤恨不已。其实很多男人婚后都希望在与自己妻子交流的时候，妻子能够懂风情，善解人意。如果妻子很贤惠善良，但不解风情，对男人来说，也是一件倒胃口的事。

一直以来，解风情的女人都被喻为一朵欲望之花，能够迷惑男人的眼睛。在任何场合，解风情的女人都会散发出不可阻挡的光芒。

一个晚上，勤勤准备了一个烛光晚宴等待老公回来。老公回家后看到这一情景，紧张了一天的情绪得到放松，心情也十分愉悦。

饭后，老公兴致未然，正想和勤勤亲热，勤勤对老公说："你知道今天我为什么会准备烛光晚宴吗？"老公用期待地眼神看着勤勤，等待她的解释。可是她说："今天交水电费，这个月花费太多了，我想我们以后要节约用电，能省的电费就省下来。"老公一听这些琐碎的事情，对这个浪漫的烛光晚宴也觉得没有了兴致。

什么是解风情呢？男人心目中的解风情，除了在与女性交流中，她们身上透露出来的自信心、幽默感、爱浪漫、刺激及冒险外，原来还有一些比较虚无抽象的元素，其中的神秘感就是另一个性感元素。留有余韵也是玩神秘感的一种手段。总之，就是不要完全满足对方的好奇心。

解风情不是一个视觉和触觉的效应。很多人认为解风情的女人有着如花灿烂的笑靥，天真或带媚态的眼波，沉溺于思考或想象时忧郁而出神的神态，或者是内敛的性感。她们的肢体语言、无奈和惊叹时的扬眉嘟嘴，不经意的自我触摸，都是最销魂蚀骨的小动作。

永远要把另一半当成爱人，而不是亲人

爱情无法持久，婚姻逐渐露出疲态，的确是大多数婚姻的写照。有一些婚姻专家曾说，通过有无数“生病”的婚姻，发现很多夫妻的关系最后只是变成“陪伴”，而没有了“爱情”，但陪伴并不足以支持婚姻持久。

在一个众多夫妻档聚会的场合，有人抛出这个问题：“结婚20年，伴侣究竟是你的亲人，还是爱人？”现场顿时陷入一片短暂的静默与沉思中。

低声交头接耳之后，终于有一名男士搭腔：“亲人的成分多于爱人。”

另一名男士接口说：“大概一半一半吧！”

只有一对夫妻档勇敢地大声回应道：“当然是爱人！”

许多人用质疑的眼光回头看这对中年夫妇，他们举止自然、甜蜜恩爱，似乎并不像在说谎。看着他们之间的这种坦然的甜蜜，我们不禁被他们的这种感情触动。如果换成一般的夫妻，最常听到的也许是：“都老夫老妻了，干吗还把爱来爱去挂在嘴边，没事搞浪漫，很肉麻！”人们如果都报以这样的思想，那么爱人之间的爱就会慢慢地转化成另外一种情感，这就是亲情。

曾有个两性专家认为，最容易“生病”的婚姻阶段，是夫妻在第5～25年的合作期与适应期。夫妻忙着养育子女、应付各式各样接踵而来的外在变化，反而很少处理两人的关系，愈来愈少表达情感，导致渐行渐远。健康的身体要靠规律的作息与锻炼；伴侣间要永保爱人般的浓情蜜意，也必须细心呵护，平日保养得法，才能历久不衰。

在生活中，很多夫妻是不是经常忽略一些充满爱意的举动，不想和伴侣重温“恋爱”的感觉？我们介绍了下面几个方案：

（1）倾听。

当对方说话的时候，你要全神贯注地盯着伴侣，让他知道他的话被听见了，而且你对他的话题感兴趣。一旦真正“听”到彼此，自我意识感就会消失，彼此就会敞开心扉，维持情感的亲密性。

（2）分享。

伴侣要保持对话，而不是退回各自的角落。彼此分享感受、生活或家事片段，并融入到对方的情境里，才能感同身受。

（3）身体接触。

不一定是全心专注投入的性爱，譬如看电视时一起挤在沙发上，拥抱，亲吻，坐车时摩擦轻抚伴侣的手背，或者替他按摩肩颈，都能增加亲密感。

（4）分享幽默感。

彼此私密的玩笑、打闹或小小的装疯卖傻，都是增进感情的好方法。很多男人抱怨另一半有了孩子之后只顾专心做妈妈，忘了做女人的角色，“整天只会对着全家大小发号施令，以前那个爱撒娇、爱做梦的女孩不见了。”帕森斯的《六人行不行》，就深刻描述了在婚姻中失望与失落的男女。

（5）支持。

祝福或参与伴侣从事的嗜好活动，并给予赞美支持；若遇到对方进修、开会、出差，主动帮忙带孩子，以及协助对方实现梦想。

（6）共同成长。

不要把双方的关系困在一成不变的模式里，而是要不断探索彼此的新领域。一方面加入他的阵营，但也给对方留有空间“做自己”。譬如另一半喜欢阅读，要容许他拥有专属安静的角落；另一半喜欢打球，你设法成为他的球友，或者至少可以在场边当一名拉拉队员。

你爱上一个人，并决定和对方终身厮守，但朝夕相处之后，彼此的习性都摸熟了，结果就像是与父母、子女、手足之间的情感，逐渐丧失了吸引力。我们会渐渐发现，热恋期的耳鬓厮磨早已不再，已经把对方的存在视为“理所当然”。可是，夫妻之间的情感，应该是爱人还是亲人呢？想要让婚姻常保新鲜，永远要把另一半当成爱人，而不是亲人。

做个解风情的贤妻良母

解风情的贤妻良母会有哪些特征呢?

(1)有涵养。学会做一个有涵养的女人，把家布置得温馨一点，也就让他觉得你有内涵。懂玩乐器及跳舞的人总会流露一份夹杂着性感的感性与温柔，女人拉小提琴或大提琴，或跳西班牙舞、探戈时流露出委婉或冷艳的眼神，更能让男人觉得风情无限。

(2)感性与性感。性感与感性从来都是相辅相成的。一个感性温柔的女人，无论思考、语调、一举手一投足都更细腻和更具感染力，处处透露出性感和魅力。

(3)学会充实自己。不要每天只为了柴米油盐想问题。男人爱事业，是他们的本性。男人爱你，是他们感情的自由。要让一个男人更爱你，要涵养一份内心的野性叫人觉得你充满魅力甚至有种神秘感。而所谓野性可以是爱冒险、爱尝试新事物、好幻想及随时豁得出去实践梦想。

(4)呢喃软语绕耳边。法国人之所以被誉为最浪漫的民族，正是因为法国人表达感情时充满感性及跌宕有致。而法语又像一种呢喃软语，在适当地方停顿，加强节奏感，并借韵律带领聆听者漫游于你的思维里，这种像叫人与你的思维一起舞蹈的说话风格，不也是一种风情吗？

(5)让小孩子心性活在心底。先让内心有若孩子般的好奇、天真与热情，你才能在眼神里流露夹杂着纯真及孩子气的另类性感。

(6)善用眼波流转。无论是忧郁的、迷惘的、缥缈的、懒洋洋的、天真带笑的或藏着火焰的眼神，只要有神韵及充满流盼，眼波便是风情的发源地。

(7)沉浸无边思海中。很多人虽其貌不扬，但一旦沉浸在无边“思海”中，脸上自会不期然地多了一份韵味。那些把眼神抛得远远的，嘟着嘴或微微侧着脸、托着腮的表情就更会惹人多望一眼。

现在，越来越多的现代女性都只为自己而不是讨好男人而有情趣。解风情原本就是上帝烙在女人骨子里的性磁力，女人只需自信地彰显自己，你的风情，别人自然而然就会感受得到。

老公不是你盛放坏情绪的垃圾桶

一个人如果能够控制自己的激情、烦恼和恐惧，那他就胜过国王。

——约翰·米尔顿

女人的喜怒无常，常常令男人们手足无措。女人是最纯粹的感性动物，她们把爱情当成最神圣的信仰，一旦她们陷入恋爱，就把男人当成她的全部。女人爱浪漫，把爱情和婚姻想得太美好，可是生活毕竟是平淡的，不可能天天与鲜花浪漫激情为伴。这时候女人的情绪就变化无常，有时因为伤心事哭得愁云惨雾，却很快破涕为笑；刚刚还是和颜悦色，突然就因一句话而雷霆大发，怨气冲天。负面、消极、悲观的情绪是心灵上的垃圾，这些垃圾需自己清理，不要喋喋不休地发泄给老公，不要把他当作自己可以倾倒情绪垃圾的垃圾桶，那对他是残忍的。

坏情绪是会传染的

坏情绪是影响男女关系的“隐形杀手”，女人尽量不要将他人当作“出气筒”，不要将自己的“垃圾情绪”转嫁给对方。

一位妻子在单位里挨了领导的骂，憋着一肚子气回到了家中。吃饭时，丈夫仍然温柔地夹菜给妻子。妻子竟说：“我自己没长手吗？不是我说你，这菜真是越做越难吃！”这时候，平时总让爸爸夹菜的儿子撒娇地说：“爸，我要吃鱼，帮我夹。”爸爸转头就是一句：“你自己没长手吗？自己夹！”这时，平时和儿子玩得最好的小猫正朝他摇尾巴。儿子心里窝着火，朝它狠狠踢了一脚。那猫冲到街上，正遇上迎面开来的一辆汽车。司机为了避让猫，轧死了旁边的一个小孩。

在上面这则小故事里，妻子把自己的“坏情绪”发泄给了丈夫，结果，产生了连锁反应，导致了一连串不好的情绪波动。情绪是可以传染的，任何一种情绪都会向四周辐射，影响他人的情绪。生活中难免会遭受各种打击和挫折，很多女人并不善于用合理的方式释放自己的坏情绪，结果把“垃圾情绪”传给了别人，将“邪火”撒到了他人身上。

老公是女人最亲密的人，甚至是很多女人终生幸福的唯一寄托。自己有了烦恼有了郁闷，当然想到要向老公倾诉。然而，悲观地说，如果是婚前的“男朋友”，或许还能给你当情绪垃圾桶，甚至任由你打骂撒撒小姐脾气；一旦变成了婚后的“老公”，他就不会那么忍让你了。男人天生是充满野心、具有冒险精神、渴望成就感的，所以，一旦遇到困难和阻碍，男人更容易有压力，更容易有挫败感。女人的絮叨和倾诉，是雪上加霜，不仅不能引起共鸣，反而会成为男人心里的噪音，让男人更加烦躁。男人肯定心想：你烦什么，我还烦着呢！

女人的烦恼主要来自家庭纷争，比如夫妻矛盾、教育孩子、婆媳不和等等。那么，把这些烦恼向老公发泄，又能起到什么作用呢？它不但不会得到解决，而且还会把不好的影响植入婚姻生活中，让整个家庭笼罩在坏情绪的阴影中。

男人不喜欢情绪化的女人

女人希望男人深情热烈，对自己呵护备至，有亲昵的小动作，最好每天说一遍“我爱你”；而男人会觉得女人过于感性，总是在期待浪漫的发生，追求细节，过于情绪化。

为什么男人不喜欢女人情绪化呢？事实上，平心而论，那些含蓄而内敛的男人，可能并非不爱自己的妻子，但是什么影响了他们热烈地去表达自己的感情？是什么让今日的男人，喜欢装成深沉、严肃的刚强男人？又是什么让他们热衷于克制自己的情绪呢？

父亲在教导儿子时，通常会说：你要像个男子汉。至于什么是男子汉呢？社会给他设定了标准，就是不轻易流露感情，克制情绪。在这种教育中长大的男人，学会了沉默。这些观念使男人一旦进入婚姻后，觉得自己一旦在女人面前过多地流露感情，会使他的七情六欲（包括脆弱的一面）流露在女人面前，而结果使自己的“刚强形象”被摧毁，不符合大男人的标准，因此不能做到外表上对情感不在乎，不能掌握婚姻的主动权，不能控制妻子。

晚上 11 点钟，男人拖着疲惫的身躯刚踏进家门，坐在沙发上的妻子便对他说：“我有件事想和你谈谈。”

“现在？这么晚？”男人一边放下公文包一边说。

“就是现在！”妻子关掉电视，提高嗓门强调说。

“发生什么事了吗？”男人有点奇怪地问道。

“最近你总是很晚回家，你总是忙！忙！忙！谁不忙呢？我也很忙。你忘记结婚的时候你都说了些什么了吗？”

“对不起。”男人对妻子说。

“对不起就够了吗？我每天和你一样上班，下班后接孩子，洗衣服，做饭，打扫房间！每天总有做不完的事情。可是，你有说过一句安慰的话吗？”妻子吼了起来。

“你又来了，你就是不让我消停。我最烦你小题大做了，如果你再这样情绪化，我们就不要再讲了。”

说完之后，男人就走进卧室，留下妻子一个人哭泣。女人心里想：我怎么嫁给这样一个冷酷无情的人？男人心想，为什么女人那么情绪化？

在遇到女人情绪激动时，男人会觉得：对于她的抓狂举动，自己多少要负一些责任。女人通常喜欢运用夸张的情绪来表达内心的感受，但是男人的表达方式更为理智一些，夸张的情绪会让他丧失帮助你的信心和勇气。心情不好的时候不要小题大做，也不要过于夸张，你只需要告诉他你真实的感受。当他的心理感受到吃惊、羞愧、无助等情绪时，他就会自然而然与你一起应对那些不好情绪了。

时刻调整自己的情绪

敏感的女人更加情绪化，情绪化的女人对人对事总有双倍程度的体验，这样的女人注定是忧郁的。情绪往往与健康相伴相随，情绪不好，健康状况自然就不会太好，而不健康的身体也容易让人情绪不佳，因此极易形成恶性循环，影响到我们本就幸福的生活。

情绪是需要不断调节的。调节情绪最重要的是平衡心态。女人更加需要不断打开自己的胸怀，树立自己乐观、积极向上的人生观，培养自己的大气心态。女人未必都要大气，但大气是女人难得的品质。女人还要勇于面对困难，对生活中的矛盾不消极回避，冷静对待，解决问题。平衡的心态是需要时间来磨砺的，要学会宽容与谅解。宽容是最大的美德。女人要学会交流，遇事要客观地看待，发生矛盾时要及时交流意见，避免矛盾激化。

大多数女人都要同自己的不良情绪做长期的斗争，即要让自己的身体与心理与自己的情绪相互适应，又要循序渐进地改良自己的不良情绪。这是一个渐进的过程，相信只要女人认识到了，终会修成正果。

如果只有你自己一个人，那么拿起你的包，去逛街购物；如果没有购物的爱好，那么就去游泳馆或体育馆或健身房锻炼身体；如果口袋里卡里没有足够的钱或者不想过失性花钱，那么就穿上运动服去跑个 3000 米；去看看电影，或者漫步于林间小径，改变一下环境，离开你心情不快的地方，等等。这些方法都能改善你的自我感觉，让你重新整理一下思想情绪，消除不良的因素，从而释放不良情绪。总之，不良情绪来临时，一定不能紧紧包着藏着，要打开它，放出来。

女人如果做不到自己放松自己，那么一定要找个闺蜜帮助你释放不良的情绪。和死党煲电话粥，或者一起出去喝咖啡聊天，把心里的不愉快通通宣泄出来。这里特别提倡和死党约好在一家环境优雅的咖啡馆见面，赴约之前的梳妆打扮和搭配服装，会让你的心情变得好很多。只要你用心努力地去做，就一定能成为自己情绪的真正主人！

不必期望让每个人对你都满意

不要无事讨烦恼，不作无谓的希求，不作无端的伤感，而是要奋勉自强，保持自己的个性。

——德莱塞

我们无论做任何事，不可能使每个人都满意。因为每个人都有自己的感觉，都会根据自己的想法来看待世界。为了取得别人的支持，我们可以尽量迁就别人的要求，但是我们不能期望每个人都满意。

总有人会不满意你

大千世界，人也是千奇百怪，什么样的人都有，不管我们做什么，我们打算怎么做，总有人对我们表示失望。

有一则笑话：一个老头儿和孙子赶着一头驴去市场。有一个人说：嘿，瞧啊，这俩人真傻，有驴不骑，宁愿自己走路。农夫赶紧让儿子骑上驴，自己走在后面。不久，一个农夫又说：喏，如今的老人真可怜，懒惰的孩子骑上驴，年老的却在地上走！于是农夫赶紧让孩子下驴，自己骑了上去。没过多久几个妇女七嘴八舌地喊：嘿，你这狠心的老家伙，自己骑着驴却让可怜的孩子在下面走，没人性！老头儿赶紧让孩子也上了驴。到了镇上，城里人大叫道：快看啊！这驴好惨啊，竟然驼着两个人，谁能有这么狠心啊！于是老头儿和孙子听了城里人的话，捆了驴腿找了棍子抬着驴走。不一会过小桥，桥上的人们哄笑农夫和孩子，驴受了惊吓，挣脱绳子掉进河里死掉了。农夫又恼怒又羞愧，只好带着孙子空手而归。

故事里人们的行为十分可笑，老人和孩子也太在意别人的看法。在现实生活中，很多相爱的两个人也是如此地在意他人眼中的自己，看别人说什么就做什么，结果只会让彼此更难受。生活中很多女人常常因为别人的不满意而烦恼不已，痛苦不已，既想得到婆婆的肯定，又想得到老公的赞美；既想让领导赞扬，又想让同事满意。很多人费尽了心思，小心翼翼地活着，唯恐别人不满意，经常为此伤神。他们将大量的时间都花在了处理如何做到别人满意的这些事情上，所以身体累，心也累。

还有一个故事：

一个画家想画一幅人见人爱的作品。画好后，他决定拿到市场检验检验。他把画挂在市场，并在画的旁边放上一支笔，写明“请在你认为不完美的地方做个标记”。一天后，画家取回了画。画上到处是标记。画家失望极了，原来自己的画就这个水平呀！于是，画家决定再换另一种方法试试。

第二天，画家又描摹了同一幅画，然后挂在市场上，并写明“请在你认为最满意的地方做个标记”。

晚上，画家取回了画。看完画，画家笑了。原来，画上也涂满了标记，在原来不满意的地方，也被人做了满意的标志。

画家明白了，不论什么事，让所有的人都满意是不可能的，一人一个眼光，一人一个看法，让一部分人满意就足以欣慰了。

用别人的看法来调整自己的行动，会让事情弄巧成拙。所以，不能把别人的感觉放在我们自己的感觉之上。每个人都有每个人的角度，人们的眼光各有不同，所以结果就会不一样。而作为女人，也不必花大量的心思去让每一个人都满意，因为这要求基本上是不可能达到的。我们不可能让每一人满意，也不可能让每一个人都对我们展露笑容。如果我们一味地追求别人的满意，不仅自己心累，还会在生活和工作中失去自己。所以，不必让每个人都满意，凡事只要尽心、向好的方向去做就好了。

走自己的路，别太在意别人怎么看

谁都希望自己在这个社会中如鱼得水，但还是有很多人对你不满：领导说你没有努力工作稀里糊涂，同事说你得巧还卖乖，老公说你没照顾好孩子和家庭，朋友说你整年都不能见上一面……不同的人，性格、爱好不同，愿望也不相同，所以不要太在意别人怎么看，不能被别人的舌头压死。拿定自己的主意，走自己的路，做到问心无愧就好。

整天忧心忡忡担心别人对自己有看法，只能是天下本无事，庸人自扰之。所以，做事要有主见。如果自己认为是正确的，就要坚持下去，不要被别人的意见所左右，不要企图让所有的人都满意。应坚持按自己的想法去做，直至成功。

有一个女孩，读书的时候特别在意别人的看法。同学们说她戴眼镜看起来傻乎乎的，于是她就去换了一副隐形眼镜。没有多久，同学们又议论她的发型不好看，于是她又去把发型换了。再后来，他们又开始说她说话的声音很大，一点儿都不淑女……总之，她折腾来折腾去，总有人说她这儿不好那儿也不好，这让她陷入极度自卑的境地。

女人，不要让自己太累，不要在意太多，不必让每个人都满意，走自己的路，凡事只要尽心，向好的方向去做就好了。简简单单地过好自己的日子，不必迎合他人的口味，因为不管你怎么努力，怎么做，赞同和不赞同都会有，难求所有人都满意。对于一些事，由于所处的角度位置不同，价值观不同，经历不同，感受也会大不相同。一些人，受自身文化素养和能力的影响，在判断错误时，还会固执己见，对好的意见横加指责和否定，此多见于权重位高者；至于明明受惠于事，而又吹毛求疵、鸡蛋里挑骨头者也是不乏其人。所以，只要走自己的路，让别人唠叨去吧。

岂能尽如人意，但求无愧我心

我们每个人都会在乎别人对自己的评价，这是很自然的事情。美国著名心理学家马斯洛认为，每个人都有归属的需要和获得尊重的需要，表现在个体身上就是希望自己能得到别人的认可，希望别人能给自己肯定和积极的评价。但是，这需要把握好一个度。如果你过度在乎别人的评价，总是为了让别人满意而改变自己，就会丧失自己的个性，最后陷入痛苦的泥潭中不能自拔。所以，只求让自己做到最好，无愧于心。别人的评价只能作为一种参考，而不是人生道路的指南。

人是社会的动物，每时每刻都参与着社会活动。一个人尽自己的能力去参与职责范围内的活动，是与生俱来的本能和天职。而他的所作所为，无一不与社会和众人相关，也必定要受人们的监督和品评。因此，每个人的行为会引起他人的关注和评价是十分正常的。

每个人做事，都会不同程度地受到误解、曲解或者委屈，但切勿为此抑郁难解，不能自拔。不要把别人的评价看得太重，世间没有完满的事情。事情的结果，会因人的不同而有若干不同的结果，不见得事事都尽遂人意。所作所为，于心无愧就行了。不求全责备，求大同，存小异，简单一些，淡薄一些，这样可能会好得多。

人的一生是短暂的，不能因为别人的看法就自轻自贱。一个聪明的女人，要懂得活出自我。岂能尽如人意，但求无愧我心，不为积习所蔽，不为时尚所惑，俯仰无愧天地，褒贬自有春秋。让我们拥抱美好的生活，注重生命的质量，拥有一个无怨无悔、五彩缤纷的人生。

老公的朋友，也是你的朋友

得不到友谊的人将是终身可怜的孤独者。没有友情的社会则只是一片繁华的沙漠。

——培根

有人说，男女结婚后，妻子就只剩下丈夫一个朋友，而丈夫除了自己之后还有一大群朋友。的确是这样，女人结婚后，就与自己的朋友越来越疏远了；而男人不是，家庭永远不能将他们束缚住，几乎所有的男性婚后仍喜欢和以往的朋友交往，因为这可使他们获得更多情感上的满足和心理上的平衡。往往，这时候妻子就不平衡了，妻子会想：他的好，不是对我一个人，他是对所有的人，特别是他的朋友，甚至他对他的朋友比对我还要好。其实，换个思路想或许会好些：何不把老公的朋友当成自己的朋友？

做个大度的女人

女人最容易吃醋，当老公和朋友们在一起时，女人会认为是朋友抢走了老公的时间，很多女人因此和自己老公吵架，认为老公对朋友比对自己还要好。其实男人和女人不一样，男人不喜欢把所有的事情都告诉女人，特别是当他们遇到挫折和失意的时候，他们害怕把这些事情告诉女人，女人会认为他们婆婆妈妈，没有男子气概，所以他们更愿意把阳刚的乐观的一面展示给自己的妻子。而他们和朋友们在一起时，往往更愿意倾诉烦恼。他们的无能为力和极端烦恼只有在其知心朋友面前，才能痛快淋漓地表达出来。这是人性的需要。

但女人却偏偏不懂这一点，非要与男人的朋友们争风吃醋，实在是有点无聊，也是浪费精力。男人不可能离开他们的朋友，要知道你虽然嫁的是老公，但是同样也嫁给了他的家人和朋友，所以最好把他那些看你不顺眼、霸占你们亲密相处大好时光的酒肉朋友们拉入你自己的阵营，把自己男人的死党通通发展成自己的死党。

有这么一个笑话，说女人的友谊与男人的友谊的区别。

男人们的友谊：一个男人有一晚没回家睡，隔天他跟老婆说他睡在一个兄弟那边。他老婆打电话给他最好的十个朋友，有八个好兄弟确定她老公睡在他们家……还有两个说，“你老公还在我这儿！”

女人们的友谊：一个女人有一晚没回家，隔天她跟老公说她睡在一个女性朋友那里。她老公打电话给她最好的十个朋友，却没有一个知道这件事！

有道是朋友的朋友是朋友，朋友的敌人是敌人，敌人的朋友是敌人。你非要把你男人的朋友划到敌人堆里去，那么男人的朋友们，也只好把你也当作敌人。这时候你以为你老公会果断放弃朋友而站在你这一边？错了，他会认为你不够大度，而且为失去自己的朋友痛心。所以，要做个大度的女人，把老公的家人当自己的家人，把老公的朋友当自己的朋友，而不是把他们当成抢走你老公的“敌人”。

相对而言，男人比女人要心胸博大些。男人有更广泛的兴趣，更注重对外部世界的关注与交流；而许多女人如果有了爱情与家庭之后，连与往日朋友的交往热情都减退得一干二净。但这时候女人不能让自己的爱人也“故步自封”，这样只能使你们的婚姻生活一天天地平淡、贫乏、平庸。所以，女人结了婚，千万不要排斥掉自己婚前的一切，更不要丢掉自己结婚前的那些朋友。保持自己的情趣、保持自己的爱好，保持自己的社交活动，保持自己除了爱情以外的一些感情联系，是丰富自己、更新自己、完善自己的很好方法。只有这样不断地丰富、更新、变化与完善，家庭生活才有色彩，爱情和幸福才能保持得更长久。

谁都有自己的一群朋友，爱人也不例外。你没有必要把爱人约束得没有活动的空间。对家庭专注不等于放弃他的“狐朋狗友”；对爱情负责不意味着要疏远其他的一切关系。生活需要变化，需要丰富，交友不仅是一种感情的交往、交流，还是生活的重要扩充。

对老公的异性朋友不要太敏感

男人一旦结了婚，再与妻子以外的异性交往，就容易受到女人的种种责难。对此，女人最容易吃醋。看到老公在大街上看美女，都会拧一下老公的胳膊以示警告。假如老公有关系较好的异性同事和朋友，女人们就会如临大敌，严加防范。男女之间，并非只有一种性爱关系，而且还有许多诸如工作关系、同志关系和朋友关系等社会关系，而支持爱人的社会活动，互相理解，才是真正爱情的体现。要想让婚姻有滋有味，女人就不要太敏感多疑。女人如果死缠着老公不放，反而会把老公越推越远。女人们与其每天战战兢兢地严加防范，不如“知己知彼”，和老公的异性朋友成为朋友。这样既能监督他们的关系，又能巩固你们爱情。

所以，对于老公的异性朋友，不要太敏感，要多给予尊重和理解，把她们当成自己的朋友。

你的丈夫，无论是在婚前还是婚后，都有可能与异性建立纯洁的友谊，这本是正常的事情。作为妻子，大可不必为此而妒火中烧，甚至不问情由，严加追究。即使是他们过往频繁，你也应对你的爱人充分信赖，绝不能动辄生疑。若是横加干涉或限制丈夫活动，只会淡化或伤害夫妇之间的感情。而且，老公接触到的每一个人，都可能对他的事业有帮助。因此，对于他们，尤其是敏感的异性，你要给予足够的尊重，把她们当成自己的朋友。

对待一方的异性朋友，另一方应该豁达大度，以完全信赖的态度对待他或她，这种正常的交往会使友谊更加纯洁，爱情更加坚定。爱情是甜美的酒浆，它是靠相互信任才酿造成的。夫妻之间假如没有相互信任，那么，彼此的爱情也将经不起风雨的考验。

怎样对待老公的朋友

友情是可以传递的，老公的好朋友一样可以成为你的好朋友。要尊重老公的朋友，对老公朋友的尊重也是对他的尊重。或许你本来就很讨厌他朋友中的某种人，可是千万别冲动得把这种情绪一股脑地发泄到别人头上。

假如你厨艺不错，不妨让老公带饭，而且要多带点，好让老公和朋友们分享。这不仅可以让老公觉得很有面子，也能提升你在老公的朋友们心目中的地位。

假如你善于交际，不妨邀请老公的朋友来家里做客，展现你强大的交际能力，弥补老公在拓展人脉中的不足。这样一来，就把老公的朋友变成了你的朋友。这样不但会使正常的友谊得到发展，还能使你们的家庭生活更加和谐，爱情之花常开不败。

同时，不要把交朋友当成一种负担。杉杉就是把交朋友当成一种负担的那种人。她老公对朋友的热情，让她吃不消。比如晚上老公要请四五个同事到家吃饭，她一下班就奔去买鸡买鱼买菜，吃完又洗碗又收拾厨房；或者老公突然说要让朋友大家来看球赛，她就忙不迭地开始各种招待。一旦你把这种“应酬”当成负担，朋友见状也不好打扰，势必会影响和朋友们之间的关系。其实朋友之间要增进感情难免“相互打扰”。

女人的心态要学着更“开放”。现代社会的基本特征之一是开放性，人与人之间也要开放。男人之间总有男人的话题，初次见面，作为女性融不进去是很常见的事。最好的办法是，找到一个大家都熟悉的去聊。一旦话匣子打开，话题便会一个接一个。

再般配的婚姻，也需要空间

距离比缠绵更能抓住一个男人。

——亨利·特罗亚

中国式的夫妻，大都表现得相亲相爱，亲密无间，你是我的，我也是你的，双方之间不得有秘密和隐私。但是爱情需要距离，婚姻也需要空间。专家指出：在有感情基础的夫妻之间，会发生周期性的“爱情休眠期”。经过一段时间的甜蜜相处后，夫妻双方会产生厌倦、冷漠甚至敌意的情绪。这时最好的办法是给对方一个独立的时间、空间，使其自身调整。经过休眠期后，夫妻感情自然会进入下一个甜蜜时期。

好的婚姻不需要“看管”

夫妻空间有点保留，这不能视之为对爱情的不忠，而是一种夫妻相处的艺术。一个最通俗的比喻：夫妻就像两只相互依靠彼此取暖的刺猬，远了，温暖不到对方；近了，会被对方身上的刺扎到。一次次冲突之后，慢慢调整距离。很多女人在进入恋爱之后或者进入婚姻之后，总会有一种“危机感”，担心自己的老公被别人“抢走”，于是就接受不了老公有任何私密的空间，不允许老公和异性有接触。当看到老公有不正常的“苗头”，就变得神经兮兮。比如老公接了一次异性的电话或家中来了一位异性朋友，就拐弯抹角地打听人家，或对来的客人左审右视；或者控制对方的活动，包括翻看老公的手机、聊天记录，以及往来邮件，甚至对老公跟踪追击，使对方没有一点自由的时间和空间。这样做的结果，会使对方很反感。

某天，王先生要和朋友出游。放在以往，这种事情妻子不多过问，他也会随口告诉她。可这一次，王先生招呼不打一声就出门了。妻子有些生气。她想这王先生肯定有事情瞒着她。她心里不悦，拦着让王先生说清楚。王先生心里着急，嚷嚷道：“我的吃喝拉撒睡，是不是都得给你汇报？”然后摔门而去。

张太太开始赌气，在接下来的好几天里，她疑神疑鬼，试图找到张先生“不忠”的蛛丝马迹。张先生认为他很无聊，于是，两个人的隔阂就产生了。

爱情是一种自觉自愿的感情，是一种被对方的强烈吸引，推也推不开、斩也斩不断的牵连。像张太太这样“看管”得这样吃力、这样紧张、这样戒备森严，还有什么爱情可言？看管住的婚姻，还有多少爱情的内涵呢？

不要以为结婚了，对方就是自己的私有财产，可以随意处置，甚至不去考虑对方的自尊。学会给老公留点空间，这样反而会让他更加在乎你。

有人会说，如果不“看管住”老公，如果他在外面做了坏事怎么办？既然你冲破竞争赢得了他的青睐并走进了爱情的殿堂，那么就要相信自己的魅力。再说了，一个人的品行就决定了他交什么样的朋友，只要你的爱人修养好，就不会交低级庸俗的朋友，也就更不会因此而破坏夫妻感情，因为他对家庭有责任。

爱一个人，要给他一定的空间，给他生活的自由，让他快乐。人要跟朋友交往，生活才有乐趣。爱人也应该有自己的朋友，有自己的生活圈子。爱一个人不一定要在家守着，就是在家看住，那也是看住人看不住心。要给爱人一定的自由空间，要让自己所爱的人生活开心，活得快乐，这才是真正的充满爱的婚姻。

开放的婚姻

美国学者尼娜·欧尼尔和乔治·欧尼尔夫妇合著了一本书，叫作《开放的婚姻》。，他们在书中告诉大家，在婚姻生活里，每个人都需要有一些空间，不只是物理的空间——像有一个小房间，可以把自己关在里头；还有心理的空间，心理的空间可以假想为一个人心理上的小房间。没有这个空间，人不可能成长，如果没有成长，即使感情最好的夫妇最后也会彼此厌倦。

夫妻双方时常独立拥有自己的时间、空间，有相对的自由，可以使彼此拥有神秘感以增加魅力。话说“小别胜新婚”，在婚姻生活中为对方留有一定的空间，能够使彼此在对方的心目中的形象常新常青。从某种意义上说，没有距离就没有自由，没有距离就没有吸引，时空的间隔往往会增加爱的强度。两性的结合是感情、生活的结合，而不是个性、人格的溶解。双方更不是彼此的影子，因此不要追求形影不离。男女之间的关系，只有部分共同定点，而不是绝对的一致，不可能时刻亲密无间。有分开的时候，才有想念对方的时刻。彼此给对方一个距离，一个空间，让其去渴望、去充满柔情地等待。所以，适当的小别，可以增加夫妻间的新鲜感。

罗曼·罗兰说：“一朝别离，爱人身上的魔力更加强了。”结婚后夫妻天天生活在一起，每天重复着锅碗瓢盆油盐酱醋的生活曲调，久而久之双方都感觉乏味，新总是与“陌生”联系在一起，一个熟悉的人或物绝不能说是新的，而时间和空间距离常常可以制造陌生。当然，这种陌生一定是短暂的，过长时间的分离会冲淡夫妻感情。

夫妻的自我空间包括保持各自的朋友，各自的兴趣爱好。对朋友的疏远和对丈夫的过分依恋，非但不能把丈夫的心拴住，还会引起他的厌倦。

一位总想让丈夫陪伴在自己身边的妻子，最反感丈夫与好友打麻将，因他们一打就是几个小时，让自己感受到了冷落。于是她想尽了办法，如把麻将藏起来，拉丈夫一起看她喜欢的电视连续剧等，结果是引起了丈夫极大的反感。丈夫的最大的爱好被剥夺了，朋友们也不敢再来找他。而丈夫觉得自主权遭到侵犯，在家里话越来越少，心离她也越来越远。

开放性的婚姻是说夫妻空间有点保留，但并非毫无底线。两个人可以一起制定双方都认同的底线。俩人坐下来商量，坦白自己的底线，说出自己需要的空间，双方都认可，然后超过这个范围另一方有权提醒对方注意行为就行了。希望对方给你空间，你也一定要留给对方相同的空间。这才是开放性的婚姻。

婚姻零距离是不可能的

现实生活中，尤其是在现代生活中，零距离的婚姻是不存在的。彼此有适当的空间和距离才能使婚姻正常运转。在婚姻中要做到糊涂一点，给彼此一个藏小秘密的空间，不必要求对方完全透明。有时候，糊涂一点会让彼此更自在，也让彼此更快乐。有些事情，无关原则的小事，就不要太计较，给他时间和空间去处理。婚姻毕竟是两个人的，不是你一个人的。适当的时候，你要学会糊涂，就当没看见当不知道，岂不省心省力，岂不天天快乐?

有的女人对自己的爱人不放心，丈夫在街上多看了别的漂亮女人几眼，回家就得修理他，认为老婆就得在家守着老公，不让他和陌生人说话，那样也太较真了。人们往往以为夫妻之间应该是亲密无间，彼此没有任何的隐私。其实，夫妻本身就是两个独立个体组成的，有各自不同的成长经历，不同的交往圈子，不同的既往情史；彼此的性格、志趣、习惯、爱好也都有区别。夫妻关系看起来是人世间最密切的关系，但是，在家人关系中，只有这两个人的关系是没有任何血缘关系的，因此也最脆弱，最容易改变。如果每天都像个侦探似的，探查老公的过去，探查他的朋友圈子，探查他做了什么，其实是一种不信任，不利于婚姻的长久。

两个陌生的人因为爱和相互吸引组成的婚姻，原本就是两个有差异的个体的结合。小的过失，或者小的细节完全没必要事无巨细地过问，要让对方有喘息的空间，这也是一种尊重和真诚。夫妻毕竟是两个人，各有各的生活习惯，各有各的思维方式，各有各的追求目标。步调一致，从理论上讲没错，但实际上未必完全行得通。所以要该糊涂的时候糊涂，夫妻双方只要在大的方向上一致，为共同的幸福而奋斗，即便有适当的距离，那也是一种爱的表现。

离婚不是口头禅，拒绝口不对心

婚姻的成功取决于两个人，而一个人就可以使它失败。

——塞缪尔

有人说："即使最幸福的婚姻，一生中也会有200次离婚的念头和50次想掐死对方的想法！"两个人一起生活，家庭矛盾是难免的，即使再恩爱的夫妻之间，也会有些吵吵闹闹的事情发生。夫妻间吵架时，时常会听到女人怒气冲天地大喊：离婚！虽然很多夫妻并没有付诸行动，但是离婚这个字眼很伤感情。

经常说“离婚”会埋下伤害的种子

有人说，婚姻生活就是由一个接一个的离婚心理情绪串联而成的。结了婚的人，十之八九有过这样的念头。尤其是女人，每当对现实的婚姻失望了、不满了，就会有离婚的念头，认为最有可能改变生活的就是逃离婚姻。“离婚！”很多女人在吵架时，爱说出这句气话。当然绝大多数人在说出这句话时并不是真心想离婚，只是一时的气话，生气时的口头禅。但不管是不是一时的气话，不管最终有没有造成错误，“离婚”这两个字都不要轻易说出口。“离婚”不是一句简单的气愤话，而是一方伤害另一方的利器，甚至会造成无法修复的伤害。

女人之所以老是把离婚当成口头禅，有很多方面的原因：有些女人认为婚姻中的生活和她想象的不一样，想让男人重视自己；有些女人认为只要说出这样的话，很多男人还是怕的，就会马上关心和爱护自己，女人因此而得到满足；还有一些女人认为这样很好玩，自己的心里其实不想离婚，电视机看多了，就会学着像电视剧里面的女主角一样，动不动就撒娇玩幼稚。殊不知，这样会很伤男人的心。

小曼结婚 3 年，经常和老公为一些鸡毛蒜皮的小事吵架，而她经常把离婚挂在嘴边上。但她是在气头上说的，并没有真的想过要离婚，而是希望让老公重视她的感受。有一天她老公真要去离婚了，小曼就投降了，告饶了。老公一次一次给她机会，但她还是忍不住就说出离婚二字。直到有一天她又说离婚，她老公说：“我觉得我们之间没感情了，没感觉了，我感到身心俱疲。”

离婚这个词其实很敏感，因为这两个字真的很伤感情。要是你对爱你的男人说一次两次，他们也许觉得你是说气话，但要是你说多了，他们就会怀疑你的感情。第一次说出离婚者，大多数都是在情绪冲动时的脱口而出，多半并不具有离婚的真实意愿，而只是将此作为一种显示自身强势、不甘示弱的进攻性宣示手段。但是，这种宣示无疑会给对方给夫妻关系制造障碍，无济于家庭的稳定和睦，只会扩大分歧加剧冲突。

世上没有十全十美的男人，也没有十全十美的婚姻。只要是夫妻，没有不磕磕碰碰的，吵架也在所难免。正常的吵架，对对方的不满都会在吵架的时候说出，不但不会影响夫妻的感情，还会增进夫妻间的沟通。如果女人一吵架就提离婚，那么男人肯定认为她不爱自己了。离婚这两个字，会让本来就僵持的局面变得不可收拾。

“离婚”不是儿戏，当心“狼来了”

习惯了一吵架就说要去离婚，说得多了，就会真的离婚了。更可笑的是，有的夫妻是用“离婚”来吓唬对方，结果不仅没起作用，反倒变成事实了。

丽丽与李涛经过了6年的甜蜜恋爱，终于步入婚姻殿堂，然而，却在婚后两年分道扬镳，原因是“吵得过不下去了”。两人大多因为一些鸡毛蒜皮的小事争吵，但是每次一开战，丽丽总是拿“离婚”做口头禅。有一次李涛去接丽丽下班，因为堵车晚点了，结果害得丽丽苦等。丽丽怒气冲冲地一顿臭骂:“你怎么这么笨，这点小事都办不好，我怎么嫁给你这么没出息的人，真想跟你离婚！”

第一次听说离婚，李涛很害怕，用尽一切方法哄她开心。后来只要两人发生争吵，她总是张口就说离婚，再有耐心的人也经不住如此折腾。终于，在丽丽又一次说出“过不下去就离婚”之后，郑涛心平气和地说了句“好”。

一次胡闹可以原谅，可以当作是气话，但宽容是有限度的，把离婚当口头禅的人，会让人觉得她不负责任。一个女人老拿离婚威胁老公，会很伤感情，男人听多了会反感，并会在心里产生一种感觉：不论怎么样，我们终究会离婚。所以，即使她不想真心离婚，也埋下了伤害的种子。威胁不是上策，想发泄不满可以选择换一种更妥当的方式。

婚姻是两个人的事情，属于两个人共同的责任。茫茫人海，能结为夫妻是难得的缘分。夫妻之间在一起生活久了，很多缺点都会暴露出来，很多矛盾也会产生，如果大家都带着一颗包容与理解的心，也就能够和睦相处。千万不要拿离婚这字眼去考验爱人，当伤害造成、真的失去后，后悔也已晚矣。

很多轻率离婚后的人在以后的很多年里会觉得很后悔，他们觉得美好的婚姻“过着过着就没了”，被自己的幼稚和无知摧毁了。每一段感情都需要经营，每一个家庭都要学会用自己的智慧为自己经营幸福，留住幸福，持续幸福的新鲜感。

正确对待离婚情绪

男人和女人，一个来自火星，一个来自金星。在他们共同生活当中，当然有很多不一致不协调的地方，这是十分正常的现象，毕竟婚姻就是在矛盾中存在的。如果要男人与女人保持很多的一致性，那肯定得磨合，磨合就容易出现不和谐、不一致甚至尖锐对立的局面。这时候，如果每次都要说“离婚”这种伤害性的话语，那么婚姻就无法继续持续。所以面对矛盾，男人和女人所要做的一切都是为了解决不一致，弥合分歧，而不是为了分道扬镳。幸福度最高的夫妻往往不是那些觉得婚姻生活完美无瑕的配偶，而是敢于承认婚姻中存在问题，并乐于去解决问题的人。

正视婚姻中的离婚情绪不是让它放任自流，而是要找到解决它的办法：

结婚后也要重新了解对方。婚后和婚前最大的不同是：婚后让人变得更加真实，婚前所有美丽的面纱都将被揭开。丈夫面对的不再是那个风姿绰约的女人，而是每天算计着柴米油盐、面对各种生活琐事的妻子。而妻子面对的也不再是那个风度翩翩的男人，而是有点懒有点贪玩的男人。所以，婚后要在一个现实的角度上重新了解对方，宽容对方的缺点，减少浪漫的想法，将两个人的意见和生活兴趣慢慢协调。毕竟生活没那么多惊喜和美好，所以女人要接受现实，慢慢了解现实中的男人。

不要掩饰问题。掩饰问题，最终只会导致更严重的问题。心理学上讲，如果问题得不到解决，由它激发的情绪将很难平息。所以，要“针对问题本身，发现问题，解决问题”，双方要心平气和地沟通。沟通很重要，偷偷摸摸地心有不服，远不如理直气壮地把自己的想法说出来更痛快。

换方位思考，主动承认错误。夫妻之间很多问题其实是鸡毛蒜皮的小事，双方如果站在对方的角度上思考自己的逻辑，往往会觉得很可笑。所以，能在对方的角度上想问题，都为对方着想，就不会将伤害的话轻易说出来。一旦说了“离婚”，伤了对方的心，那么千万不要以为时间可以抚平一切，而是要主动承认错误，告诉他“其实我不想离婚，我很珍惜我们的婚姻”，以便将负面情绪所产生的不好影响降到最低。

老公也有私房钱，你要视而不见

结婚前眼睛要睁圆，结婚后眼睛要半睁。

——富兰克林

有些女人会这样错误地以为：掌握家中的经济大权，就能掌握住男人的命脉。而男人也会为自己的权利智斗一番，动不动也会留点私房钱。女人若是管得太严，把男人逼得太紧，钱是留住了，可是男人的心却跑远了。

作为妻子，你一定要对自己的男人有充分的尊重和信任。因为，好男人知道什么地方该花钱，不该花钱的地方他绝不会乱花的。所以，请不要逼问老公的私房钱了，请不要管制他的经济权益，如果你的老公够真诚、够坦率、够自觉、够节制的话！透过私房钱，我们看到的不仅是夫妻的感情问题，更多的是夫妻间平等、尊重、信任、扶持的美好婚姻关系。

没有不存私房钱的老公

周末李先生出去了，李太太在家百无聊赖，于是想从书柜里找本闲书来消磨时光，也算是个高雅的消遣。她从书架上抽出《诗经》，这书平时李太太是从来不看的，今天却像中了邪般把这本书给翻开了。翻开了书页后，竟然掉下一本存折。李太太用颤抖的双手，翻开存折，里面的数目不多也不少，显然这就是传说中的私房钱。这些存折的存在和出现，让李太太对李先生的信任一下就土崩瓦解了。

李太太想：老公为什么背着我存这笔钱呢？除了有私房钱之外还有什么瞒着我呢？

李先生回到家，看到老婆铁青着一张脸，不知道发生了什么事情，因此他格外小心翼翼。李太太揣着这个秘密，再看老公一脸天真茫然，顿时觉得李先生简直就是个道貌岸然的伪君子……

有一项关于已婚男人私房钱的调查，83%的丈夫说他们存有私房钱。那么这些私房钱来自哪里呢？回答“从零用钱中挤出来的”的最多，占32%。其次是“瞒着妻子悄悄地从工资里取”，这部分占22%，还有16%的人回答说是“投资”。

男人的私房钱都用在哪了呢？大多数女人会认为他可能是用在了“非正道”的地方了，要不然为什么要攒私房钱呢？据调查，男人的一部分私房钱是用在抽烟、喝酒、各种应酬以及个人喜好上了；也有些私房钱用在“正道上了”，比如投资、炒股之类。在男人看来，私房钱也有私房钱的好处，比如，私房钱可以当作“计划外资金”，具有较强的流动性，大大提高了生活的节奏和办事效率；私房钱属个人“可支配财产”，可以实施一些诸如在不被老婆发现的情况下给妈妈多买一些好东西的活动，然后说是儿媳孝敬的，从而促进家庭和谐；给儿子买玩具，给老婆买些衣服、小饰品，这些私房钱有时候能够带来“大惊喜”。

不要把钱管得太紧

老婆们担心的不是老公存钱，而是瞒着自己存钱另有图谋。她们认为男人一有钱就变坏，饱暖思淫欲。男人存私房钱，很大的原因是想“自由”，可以有自己的“可支配收入”而不用先向老婆“早请示，晚汇报”，或者想给家人一个惊喜。每个人都有自己的隐私和爱好。妻子给老公留点空间，就要对他的私房钱视而不见。

常常遇到这样的女人，管老公像管小孩一样，甚至比管小孩更严厉，可是对于自己却从不反省。

可能这些女人还没有意识到，当她在管理老公的时候，已经不自觉地把自己放在了凌驾于老公之上的位置。她们用争取来的经济大权当武器，肆无忌惮地发表自己的意见，却不考虑另一半在家庭中的地位和尊严。

老公应该管，但是怎么管，管多少，则有个度。把握不好这个度，管理就成了禁锢，反抗自然也会随之而来。把握不好这个度，妻子也会在不知不觉中成为一个强势的暴君，失去了应有的可亲与可爱。

小晴和老公结婚6年了，6年之间，两个人从欠外债到现在有了余钱，家里的财政大权都是小晴掌握。而这个时候，小晴却在偶然的时间发现老公居然藏私房钱。有一天，小晴在家吃完饭决定把老公的衣服拿出来熨一熨，居然在其中翻到了一张存折，已经存了好长时间了，上面的钱也不算少。这一下，小晴可是炸了祸，问老公怎么回事，他不说；小晴要他把上面的支出情况一笔一笔地交代，他也不吱声。最后他就丢了一句：咱们离婚吧。

为这事两个人吵了好久，而老公跟小晴离婚的决心好像越来越坚定了。这让小晴很搞不懂了，明明是他存私房钱，应该是他错了，为什么现在反倒成了自己的不是，还非要跟她离婚。后来老公对她说：你的强势让我受不了。我不反对你管家，以前我不也把钱都交给你吗。但是，自从你掌管了家庭财政后就变得特别强势，给我的感觉就是因为你管了钱，我就成了你手心的泥，想怎么捏只能由着你了。

夫妻之道，在于相互信任。作为女人，不要什么都想控制住男人，很多被控制住的男人最后都离开了，而且找了他们能控制的比你差很多倍的女人在一起。经济问题全凭自觉，不服管的你想管也管不了，不乱花的想让他花他也不花。男人就是这样，你即使把他的钱要过来，他想花的时候可能会找你要，这就存在你给还是不给的问题，于是纷争就来了；也可能男人不找你要钱花，但下次他就直接不给你钱了，借口有这事那事，于是纷争又来了；再就是想别的办法弄，于是欺骗就开始了……

不要拆穿老公的小把戏

女人总希望老公对自己在各个方面忠诚尽显，甚至拿私房钱的问题衡量老公对自己的忠实和感情。而同时，在特别的日子里，譬如：自己的生日、结婚纪念日、情人节、更甚至三八妇女节、圣诞节，等等，在这些时候总希望老公能够给自己以惊喜、浪漫。

如果每天，甚至每时每刻都在严加管理老公的“经济问题”，那到了这些节日的时候，老公要拿什么去给你惊喜和浪漫呢？

有的女人坚信，男人有钱就变坏，因而对钱太看重，对自己的老公却不放心。女人要难得糊涂，对于男人的私房钱也应这样。如果太较真，防贼似地防着男人，时间久了，定会伤及夫妻之间的情分。第一，男人是需要社交的，这对他的事业和性格方面的成长会有很大的帮助，如果把老公的钱管得太紧，男人每次和朋友出去都要和老婆要钱，慢慢地他会失去交友的乐趣，心情也会变得压抑。第二，存私房钱是好事，说明你老公比较节约，在把钱交给你管的情况下，仍然能够存到部分的私房钱，充分说明老公并没有在外面乱搞，既然他有这样的自觉性，为什么不相信他呢？第三，可以让老公参与到日常生活用品的采购中来，这样既能培养他和你共同维持家庭幸福的责任感，还能足够地占有老公的部分私房钱，让他知道买柴米油盐也是不便宜的，从而更体恤你平日里持家的辛苦。

所以，当女人发现了老公藏私房钱，光别忙着拆穿他的小伎俩。存私房钱的老公也不是想用这钱做什么坏事，而只是像个顽童般对“偷偷摸摸”的感觉上了瘾。妻子有时候应该站在一旁默默地欣赏老公的小把戏，而不是走过去拆穿他。如果老婆抱着投入游戏的心态来看待老公的私房钱，那么私房钱不但不会影响夫妻间的感情，还会为平淡的生活注入一股新鲜的空气。

和婆婆争夺爱：爱我还是爱她？

在人生的道路上能谦让三分，即能天宽地阔，消除一切困难，解除一切纠葛。

——卡耐基

有很多“脑残”的女人喜欢不依不饶地追问自己的男人：“如果我和你妈一起落水，你会先救谁？”男人若说先救自己，女人便会沾沾自喜；男人若说先救他妈，那就不得了了，“你和你妈生活一辈子吧！”这本是一个根本不该去问的问题，因为问题的本身就是一种竞争，一种挑衅。将一个将成为自己亲人的人当作对手和敌人，家庭又怎么会和睦幸福呢？

争夺爱的大战，两败俱伤

“我平时喜欢睡个懒觉，不爱打扫卫生，婆婆总是看不惯，不是在邻居面前说我的坏话，就是在老公那儿告状，我跟她对着干也是被逼的……”王小姐说起婆婆来，似乎三天三夜都难以倒尽肚里的苦水。婆婆说起她的儿媳妇时也同样苦闷：“我这人唠叨一辈子了，她动不动就给我脸色看，哪能受她这种气！”

某婚恋网站一项逾 7.5 万人参与的调查表明，15% 的媳妇认为婆媳关系融洽；46% 的媳妇认为与婆婆之间存在一定的问题，双方需要保持一定的间隔；22% 的媳妇认为与婆婆有一些矛盾，平时尽量减少跟婆婆接触；还有 17% 的媳妇认为与婆婆“水火不容”。

婆媳相处之道自古以来就是做媳妇的一道坎儿。过得去这坎，不止婆媳和睦，对增进夫妻感情也大有裨益。要是过不去这坎，婆媳不和自是难免，有时还连累夫妻关系僵化甚至破裂。“洞房昨夜停红烛，待晓堂前拜舅姑”，是旧社会当媳妇的生动写照。“多年的媳妇熬成婆”，媳妇必须俯首听命于婆母。如今，这种压迫妇女的封建制度已被新一代女性所摈弃，婆媳关系基本成了一种平等的人际关系。但是，人们却觉得婆媳关系更加难处。

如果自己和婆婆针尖对麦芒，其结果必然两败俱伤。双方对峙，剑拔弩张，一方居高临下，倚老卖老，颐指气使；一方怒目圆睁，凶神恶煞，不甘示弱。现代媳妇的人生观、价值观与传统的婆婆显得“格格不入”，对婆婆按老传统对媳妇进行要求产生了激烈对抗。电视剧《双面胶》就演绎出了这样一个悲剧故事，本来幸福的一家人，因为婆媳大战，整个家庭破裂了，夹在老婆和妈妈中间，最受苦的便是男人，一个是亲妈，一个是老婆，自己生命中两个最重要的女性，夹在她们中间，谁也得罪不起。

和婆婆争夺爱是最不理智的行为

很多女人总是认为，男人和自己结了婚就是自己的，就像自己结婚后就成了男人的人一样。于是，不容男人对父母太好，觉得男人对父母好，就会对自己不好，处处和婆婆争宠。老公本来就是婆婆的作品，儿子对母亲有着最特殊的感情，这种感情和爱情是不一样的，所以不能相提并论，如果非要“一比高下”，那会让老公很为难。如果你强逼着他多爱你，而不爱自己的母亲，他会感到内疚，而且还会认为你阻止他孝顺。因为你的老公自从生下来第一刻起，或者说，还没生下来就和他母亲生活在一起，他当然会爱他的母亲，这种爱，是出于一种天然的亲情，也是出自道德和责任。换句话说，那种不孝顺母亲、置母亲的死活于不问的男人，你敢要吗?

许多媳妇对婆婆具有天生的敌意，对这些媳妇来说，丈夫和自己是一家人，自己的家人是自己人，丈夫的家人是另一家人。他们只和丈夫有关系。不过既然丈夫成了自己的家人，那么一个丈夫不能被另一家人抢走。有了这样的独占欲，她们就得时刻提防，生怕一不小心，“自己”的东西就进了别家的门。这种戒备的情绪将自己搞得身心憔悴。

杜欢和刚结婚时总爱不动声色地和婆婆争宠。比如有一次吃晚饭，老公给婆婆夹菜，没有给她夹菜，于是她便在婆婆走开时，把碗朝他跟前一推，说:“我也要吃红烧鱼。”再比如一家人去公园散步，老公用纸巾擦干净石凳给婆婆坐，杜欢便故意站着，直到他也给她擦好凳子为止。

老公出差归来，一般都会给婆婆带礼物，但如果他给婆婆带了礼物，却没有给她带，杜欢就会在各种场合找茬，比如不帮他整理文件，不帮他熨烫衣服，不帮他搭配领带，等等。她总觉得自己必须在老公那里获得和婆婆同等的爱，心里才能平衡。如果和婆婆闹点小别扭，杜欢就马上跑去跟老公诉说。老公如果默不作声，或者袒护他妈妈，杜欢就会生气，感觉老公联合婆婆一起欺负她。

女人的爱是霸道的，她们希望男人只爱自己，如果不能做到只爱自己，至少自己要永远排在第一位。婆婆一把屎一把尿把自己儿子养大，当然对儿子感情很深，而且年纪越大，这种爱越深厚。而妻子，有的是和老公相处的机会，两个人是建立在平等的基础上相濡以沫共度一生的感情，而老公对母亲，是一种反哺，一种照顾，一种责任。况且，女人和婆婆爱的对象是一致的。那些因为争宠引发的矛盾，真的没有必要。

聪明的媳妇懂得婆媳相处之道

由于少了血缘的联系，媳妇通常很难跟婆婆迅速亲近起来。即使嘴里叫着“妈”，对待这个“妈”和自己的亲妈毕竟是不同的。媳妇看待婆婆会十分在意婆婆的女人身份以及母子间的亲密程度，而在潜意识里将婆婆看成是一个“假想敌，一个会争夺自己丈夫的对手”。如果丈夫对母亲显得特别顺从，很多媳妇就会非常不安，一来是担心丈夫和自己不一条心，偏向母亲；二来怕婆婆对丈夫的影响力太大，自己不好管教。

婚姻不仅是两个人的事，也是两个家庭的事。当两个人走到了一起，就意味着两个家庭也因此而结合了。夫妻俩都有了两个妈两个爸。虽然在心里对待两个父母的亲疏可能各不一样，不过，心存敌意，有意竞争的想法不适用于自家人。有句话说，爱他就要爱他的一切。那么先不提爱他的缺点，何不先从爱他的家人开始呢？笨女人才会草木皆兵，而聪明的女人则知道应该开明和宽容，这样会提高自己在男人心目中的形象。感情方面没有输赢之分，只有大家开心了，感情才温暖，不论是爱情、亲情、友情，都不外乎这个标准。

首先，不要在老公面前“告状”。很多媳妇和婆婆闹矛盾后，就会搬出老公这个救兵。老公会救还好，不会救则越闹越大。这种告状的心理不可有。聪明的媳妇不会说婆婆的坏话，而是相反，想要讨好婆婆，那么好话是一定要讲的，而且一定要传到她的耳中。

其次，不要在婆婆面前和老公过分亲密。有些媳妇喜欢老公在饭桌上给自己夹菜，看电视的时候习惯坐在老公的腿上。太过亲昵的举动不要在婆婆面前表现。

首先是应当尊重婆婆，不要让婆婆不开心。况且，一家人其乐融融地待在一起，也不太适合小两口儿上演如胶似漆的感情。

其次，尊重婆婆，跟婆婆学习。如果以爱物及屋的心态来对待婆婆，婆婆会感受到并且喜欢你。尊重长辈，孝敬公婆，是做晚辈的本分。不管婆婆做得怎么样，作为儿媳妇首先要问的是自己是否做到了尊重和孝顺。若是婆婆做的什么菜好吃，那你就在夸赞她的同时，还要说希望跟婆婆学做菜。在夸赞婆婆的同时，还提高了婆婆在家中的地位，这肯定让老人家很舒服。

最后，要倾听、忍让婆婆。每个老人家都盼望身边有人愿意听自己说话，特别是没有老伴的婆婆。老人家都比较唠叨，若你能静下心来，和她喝杯茶，听她说说话，她对你的偏见一定会少很多。如果能让着婆婆，让她在一定范围内当家，从而保持心理相对平衡，从内心依赖你，而不是和你较劲。对于她的无理取闹，做到不听、不想、不反驳，在婆婆面前，服个软，认个输，照顾她的情绪，她的气儿顺了，也就不会为难你了。

对双方父母要以心换心

老吾老，以及人之老；幼吾幼，以及人之幼。

——孟子

在家庭中，最难处理的关系，要数两口子与对方父母的相处。这种关系处理的好与坏，势必会影响到夫妻感情。做女人的，要对双方父母一视同仁，这样不仅能使双方父母保持良好的关系，还能让他们放心，大家庭才其乐融融。

像对自己父母那样对待公婆

女人都抱有一种错误的心态，尤其是儿媳总觉得公公婆婆不是自己的生身父母，他们没拉扯自己，所以就不愿向公婆尽孝，这是绝对错误的！不是一家人，不进一家门，既然进了一家门就是一家人，就当尽职、尽责地去孝敬、赡养每一位老人。要抱着一颗公平的心去对待他们，千万不可以心存偏见，对自己的父母体贴孝敬，至于公婆或岳父母就置之不理、不管不问，这是绝对不可以的。

玲玲就是这样一个人，她总觉得自己不是公公婆婆的女儿，自然就不愿赡养他们。不仅如此，她对公婆存有偏见，不给他们好脸色，总是嫌公婆不帮她干活，不帮她照顾孩子。前段时间玲玲的婆婆生病住进了医院，玲玲不但不在病床前尽孝，反倒当着公婆和大姑姐的面说自己与婆婆没有血缘关系，婆婆病了不应该由她来伺候。

儿媳只亲近孝敬自己的父母，对公婆却另一副面孔，另一种心肠，这真可以从此“遂令天下父母心，不重生男重生女”了。尤其是现在独生子女家庭，双方都只有一根独苗，前半生全部的爱都倾注在他或她身上，老年的全部倚靠都寄托在他或她身上，对双方父母理应一视同仁，不应该厚此薄彼。

张秀芹的丈夫常年在外地工作，照顾老人和家务活大多都落在了她一个人的肩上。有一次，婆婆生病，张秀芹立马放下手中的事情，亲自把婆婆接过来，送到医院检查。多少个日日夜夜，她不敢有丝毫懈怠，时时守在婆婆的身边。为了调节婆婆的心情，一有空闲，张秀芹就和婆婆聊天，给她宽心。婆婆心情不好时，张秀芹总是顺着老人的心思讲些高兴的事，老人高兴了，她也觉得很开心。护士们都对老人说：“老人家，您闺女心真细啊！”老人高兴地说：“哪儿是闺女啊，是儿媳。”

中国有句古话：百善孝为先。孝，是善良的前提，是做人的根本。每个女人都有一颗善良的心，在跨进婆家门之前，都想做个好媳妇。做媳妇的，要谦虚地对待公公婆婆，要把公婆放在长辈的位置上去对待他们。

公公婆婆，虽然不是自己的亲生爹娘，没有血缘关系，但是没有他们，哪来现在这么一个疼你爱你、和你风雨同舟的丈夫？所以要把自己放在做女儿的位置，去替他们考虑。人是需要沟通的，对他们的爱，要做出来，也要说出来，这样会增加婆媳的感情。只要他们觉得你在真心实意地对他们好，甚至比他们的儿子还要好，那么，他们怎么会对你不好呢？

对待双方父母应一碗水端平

结婚之前，夫妻面临的是两个人之间的感情，是两个家庭的事情；结婚之后，两个人面临的就是一个大家庭的事情。所以，当两个家庭合成一个家庭，作为儿女，就有两边尽孝的义务。如何对待双方父母，也就成为一门大学问。

如何对待双方父母，如何处理两者之间的矛盾？不少夫妻因能正确处理这个问题，家庭之琴奏出了柔和而欢快的乐曲；有些夫妻却因对这个问题处理不当，家庭之琴便迸发出嘈杂而烦人的音响。

首先，应该注意保持、培养和加深对父母的感情。父母不仅给子女血肉之躯，抚养子女从幼年走向成年，而且给了子女许多好的思想品质，并教以做人的道理。从自己出生到成家立业，父母给了自己多少教益，花了多少心血啊！所以，应该多和双方父母沟通，让他们不那么孤独，享受美好的老年时光。多尽孝道，常回家看看，哪怕一点“小恩小惠”，也能让父母高兴半天。

其次，学会调解在对待双方父母问题上的矛盾。在对待双方父母问题上，夫妻俩最容易在资助问题上发生分歧。一般说来，做父母的并不一定非要儿女在钱财上的资助，他们所需要的是儿女的孝心，是儿女们对他们的敬重。只要能真正做到敬重双方父母，并能合理地给双方父母一些资助，那么，双方父母就会满意，夫妻小俩口也就不会因资助而闹意见了。要解决这一问题，要正确对待双方父母，一碗水端平，不可亲一方，疏一方，把双方父母都视作自己可敬的亲人。尤其是做妻子的要用公正的眼光看待公婆，不要把公婆视作多余的人或仇人；哪一方父母出现了突发性困难，做儿女的就应该全力帮扶，慷慨解囊，即使借贷也在所不惜。

再次，应该注意关心和解除双方父母的病痛疾苦。父母养育儿女的目的之一，就是希望老了有所依托。做儿女的应该时刻记住父母的这一希望，切不可成了家，只顾自己的欢乐和幸福，不去关心父母。不论是男方父母还是女方父母，只要他们有困难，就应该前去照料，分忧解愁。即使父母非常康健，经济上能过得去，做儿女的也还应该多去看望，并拿出一些钱交给父母。

巧妙处理与双方父母之间的关系

在对待双方家庭的问题上，妻子要和丈夫统一思想、意见一致。这是处理好双方家庭关系的关键，也是根本出发点。比如说，夫妻两个人中，男方上午告诉自己的父母，明天买台电磁炉给送过来，孝敬一下自己的爹娘，而女方下午就打电话给公婆，说："我们没钱，不买了。"这样不但会使其中一方在其父母面前丢足面子，严重时还会把与他（或她）家里人的关系弄僵，同时还会破坏夫妻之间的感情。因此，聪明的女人都善于巧妙处理与双方父母之间的关系。

给足自己丈夫面子。平日里，即使是自己的丈夫在没有和自己商量的情况下，答应了他家人什么事情，只要这件事情是自己的小家庭力所能及的，并且又不是什么原则性问题，自己此时应该给足丈夫面子，支持这件事情。那么，这个时候，你的丈夫肯定会从内心感激你，同时也会促进你们夫妻之间的感情进一步融洽。

谁家的事谁出面，在谁家，迁就谁。其实这也是"一视同仁"的另一种解读。做父母的，都不会真正生自己孩子的气，跟自己的孩子去较真的，毕竟是自己的亲生骨肉，彼此之间是不会伤感情的。所以说，同样的话，若是自己的儿女说的，父母会觉得没什么，若是换了儿媳来说，那肯定要生气的。两口子在男方家的时候，做妻子的遇事若多迁就、多忍让一下丈夫，会让丈夫在他父母面前过足男子汉大丈夫的瘾；在女方家的时候，做丈夫的如果对妻子言听计从，岳父岳母肯定会看在眼里、喜在心里。这样做，虽然双方都要委屈一会儿，但是在双方的父母家会收到意想不到的效果。

回绝要婉转，有时善意的谎言也是非常必要的，特别是对父母。有时自己会在不经意的时候，对自己的父母和亲人说了一些难听的话，他们是很难接受的。平日里，在回绝父母的要求或请求时，说话一定要尽量婉转。有时候，为了让父母高兴，为了缓和矛盾、融洽与家人的关系，说一些善意的谎言，也是非常必要的。

适可而止，才能恰如其分

过犹不及。

——孔子

女人总是有太多的要求和不满，这也是缺乏安全感的表现。但是男人和女人不一样，男人想要更多的自由，男人想要一个适度的空间和自由感。所以，不要咄咄逼人，聪明的女人懂得适可而止的原则，收放自如。一个幸福的家庭需要两个人互相迁就，对对方要求少一点，对自己要求多一点，这样的观念转移会让彼此的相处更加的融洽一些。因为爱，我们会有要求，但是因为爱，我们也会学会包容。凡事都应该适可而止，适当的要求会让彼此更加亲密，但是过分的要求却会让对方想逃。

较真了，就输了

不管什么时候，谁较真了，就输了。而女人，往往就是爱跟自己较真的人。不管是在婚姻还是爱情里，女人喜欢什么事情都知道，喜欢什么事情都做主，喜欢什么事情都摸得一清二白。而你的要求越多，控制欲越强，其实越说明自己底气不足。如果咄咄逼人把对方逼进死胡同，那么自己不宽容的表现，会让对方更加不信任你。

之所以现在开始较真，一方面源于你们交往已久，双方缺点开始逐渐暴露出来；另一方面也是因为你对他的要求慢慢发生变化，许多关于现实和未来的思考开始慢慢浮出水面，如果他不能满足你的要求，你们之间的距离就会越来越远。以往毫不起眼的小事也可能成为你抱怨的理由，小心量变导致最后的质变。

电影《革命之路》里 Frank 的老婆 April 是个家庭主妇，同时也是个不怎么高明的演员。在 April 一次不成功的表演之后，丈夫 Frank 用尽各种办法想要去安慰她，但是她却一点都不领情。Frank 在忍无可忍情况下和她大吵一架。这也反映出他们的婚姻和生活已经出现了困境，以至于 frank 在生日那天都不得不去勾搭女同事才能找到些许慰藉。不是有这么一说么，男人出轨都是被女人逼的。

为什么不让生活轻松一些呢？将复杂关系简单化对双方都有好处，婚姻正是由于小事积少成多变成影响两人进程的壁垒。不要在小事上计较，对他要适可而止或制定短期目标，幸福感才会因此油然而生。

相信他，就是相信自己。适当地把他看“轻”点，自己就不那么累了。男人不是孩子，需要女人看管着。当女人太较真了，什么都不放过的时候，男人就会放手了，他什么都让给你，做一个潇洒的男人去了。而你，就是他保姆，他的顾问，他的私人专用了，他什么都不用过问，知道有你在，就绝对放心。这样久而久之，你又觉得男人没有能力，其实，那是女人自己太较真而已。

男人都爱面子。对于老公，你就是妻子，一个温柔可爱的女人，别什么都喜欢捏着，但要懂得给男人减轻负担。他该承担的责任就让他担，他该拥有的权利也一定要放手。你说的多了，他觉得烦；你说的重了，他觉得小题大做；你不闻不问，他说你不关心，没办法沟通。其实，做女人也不容易，太较真你就输了。

适可而止，是聪明女人捍卫感情之道

如果你的眼光够亮、头脑够聪明，在开始时就会选择一个如意郎君，这样才不会有后面的牢骚漫天。如果逐渐开始对他心怀不满，希望越大伴随而来的失望也越大。寄希望于对方，渴望他能成为改变现状的超人，就会导致你们之间负荷过重。这是感情危机的前奏。

滚烫或冰冷的一杯水都过于刺激而令人不适，温度居中的温吞白水其实才是大多数人的真正选择，对它来说众口不再难调。

在婚姻中，需要有个人做出一定程度的让步，才能使意见最终达成一致，从而换来稳定的和平共处。用柔和的方式来换取两人关系的平衡，就是适可而止。对男人，不能毫无原则地退让，而是要在对彼此相互尊重的基础上，适可而止地降低坏情绪的杀伤力和固执己见的激烈态度。

“适可而止”是感情关系中无往不利的决胜法宝，因此要做个从容冷静又贴心的聪明女人，让感情永远保温。适可而止适用于婚姻中的各种方面，无论大事小情，还是生活中随处可见的唠叨争吵，将活跃程度控制在一定范围内，就能保持大环境的相对平衡稳定，也就是你和他能维持其乐融融的和谐共生状态。换个角度想，即使共同生活，两人思想也无需时时刻刻保持一致，拥有自己特立独行的想法步调才能碰撞出丰富多彩的火花，生活才不至于单调乏味如一潭死水。

因为爱，我们会有要求，但是因为爱，我们也要学会包容。凡事都应该适可而止，适当的要求会让彼此更加亲密，但是过分地要求却会让对方想逃。相信要求降低之后并不会让自己有所失去，反而会让对方越来越眷恋你，心甘情愿地哄你开心。

恰如其分，轻松做女人

俗话说“相由心生”，要保持年轻的容貌，保持快乐的状态，就要有一颗看淡压力没有负担的轻松的心。只有心里充满阳光、健康乐观的人，才能让周围的人感受到你的青春与热情。不为一点小事神经兮兮、轻松生活的女人，到年老都会保持优雅的姿态，为家庭营造一个温馨宽松的环境。

幸福是什么？幸福是一种感受，是一种体验，全凭女人自己在生活中去细心地体会。用你善感的心灵去慢慢地捕捉那让你感动的点点滴滴，那么你就会在平淡中感受到幸福，体会着快乐！轻松做女人，就是不为小事抓狂，不为鸡毛蒜皮的事情计较。记得《桃花运》里小宋佳说了这样一句话：上帝把我们女人造得漂亮，男人才会爱我们；把我们造得愚蠢，我们才会爱男人。

遇到难题的时候，没必要一定为此纠结，可以自我解嘲自我宽慰，这也不失为一种办法。如果要求的太多，就活得太累了。在得不到甜葡萄的情况下，只得吃酸柠檬却硬说柠檬是甜的，有意美化得到的东西。这看起来有点可笑，但可以在需求无法得到满足时减轻内心的苦闷和烦恼，求得心理平衡。

“谋事在人，成事在天。”做女人最重要的是要有一颗平常心。现实生活中的“不如意”之事，是一种无法改变的客观存在。与其固执己见，“钻牛角尖”，不如放松一下绷得过紧的神经，顺其自然。如果自己折磨自己，最后还是解决不了问题，不如调整一下心态。放弃可望而不可即的目标，重新设计自己，追求新的目标。这样才能心怀坦荡，乐观豁达，才能活得潇洒自在、美好充实。

女人不要苛求太多，多一些宽容，少一些猜忌；多一些理解，少一些埋怨。生活中不会总是激情澎湃，生活里也不都是热情如火；男人不都是潇洒英俊，事业有成；工作不都是高薪厚禄，一路顺风；生活更不会每天都有鲜花和掌声。聪明的女人都知道，只有平常的幸福才是最珍贵的幸福。生活中更多的时候是平淡如水，游走在各个角落的更多的是平凡的人。世界没有改变，改变的是自己的心情。每天给自己一个微笑，开心就好。做一个潇洒健康快乐的女人，让一颗平常心时刻沐浴着阳光，享受着生活的每一天，在阳光中体验做女人的潇洒。